浙江省普通高校“十三五”新形态教材

高等学校新工科计算机类专业系列教材

数据结构课程设计

(第二版)

主　编　王立波

副主编　徐　翀

西安电子科技大学出版社

http://www.xduph.com

内 容 简 介

本书将数据结构课程设计与数据结构理论课程有机结合，以传统数据结构的主要内容为主线，精心设计多个案例。在描述各个案例的同时，采用三元式(D，S，P)的方式，完成对线性表、栈、队列、字符串、广义表、二叉树、图、集合等抽象数据类型的定义、描述和封装。这些基本数据结构类型不仅应用于教材中的各个案例，也可作为工具或平台复用于其它应用中。

本书中每一个算法或程序的编写力求高效、易读，并遵循程序设计的规范，从而帮助读者顺利完成学习、模仿、提高、应用的过程。

本书可作为计算机类专业数据结构课程设计教材，也可作为学习数据结构及其算法的C程序设计的参考教材，还可供从事计算机应用工作的相关人员参考。

图书在版编目(CIP)数据

数据结构课程设计 / 王立波主编. —2版. —西安：西安电子科技大学出版社，2022.5
ISBN 978-7-5606-6441-5

Ⅰ. ①数…　Ⅱ. ①王…　Ⅲ. ①数据结构—课程设计　Ⅳ. ①TP311.12

中国版本图书馆CIP数据核字(2022)第053779号

策　　划　陈　婷
责任编辑　陈　婷
出版发行　西安电子科技大学出版社(西安市太白南路2号)
电　　话　(029)88202421　88201467　邮　　编　710071
网　　址　www.xduph.com　电子邮箱　xdupfxb001@163.com
经　　销　新华书店
印刷单位　陕西天意印务有限责任公司
版　　次　2022年5月第2版　2022年5月第1次印刷
开　　本　787毫米×1092毫米　1/16　印张　15
字　　数　356千字
印　　数　1～3000册
定　　价　39.00元
ISBN 978-7-5606-6441-5/TP
XDUP 6743002-1

前　　言

一、概述

数据结构的概念最早由 C．A．R．Hoare 于 1966 年提出。在他的经典论文《数据结构笔记》中，首次系统地论述了一组数据结构的构造、表示和操作等问题。1973 年，D. E. Knuth 在《计算机程序设计技巧》第一卷中给出了关于“信息结构”的系统论述；1976 年，N. Wirth 用“算法+数据结构=程序”这个公式表达了算法与数据结构的联系及它们在程序设计中的地位，从此确立了数据结构在计算机相关专业中的核心基础课程地位。

“数据结构”是一门关于非数值数据在计算机中表示、变换及处理的课程。这里的数据实质是指计算机所能表示的各种不同数据对象的集合。对于每一具体的数据对象，通常其数据元素之间的关系不是孤立的，数据元素之间的内在联系被称为结构。从数据元素之间的关系特征分析，各种数据对象中的数据元素之间的关系仅呈现以下四种结构之一：集合结构、线性结构、树型结构、图型结构。

历经多年的发展，“数据结构”课程的主要讨论范畴已基本取得共识。尽管计算机应用领域仍在不断地扩大并产生了许多新的数据结构和算法，但“数据结构”课程最基本和最核心的内容还是讨论上述四种结构在计算机中表示、变换和处理的过程。2006 年，教育部高等学校计算机科学与技术教学指导委员会编制了《高等学校计算机科学与技术专业发展战略研究报告暨专业规范》，其中算法与数据结构涉及 AL1、AL2、AL3、AL4、AL5、PF2、PF3、PF4 等多个知识单元，知识点包括：基本数据结构(包括堆栈、队列、链表、哈希表、串、数组和广义表、树型结构及应用、图型结构及应用)、递归、常用排序算法、常用查找技术、算法分析基础等；2009 年，教育部考试中心制订了全国硕士研究生入学统一考试关于“数据结构”科目的考试大纲。以上内容通常构成了编写数据结构相关教材的大纲依据。

没有不包含数据结构的程序！显然，数据结构还应是一门兼具理论性与实践性的课程。在理解数据结构的基础上，运用数据结构加强并提高程序设计的能力尤为重要。因此，“数据结构课程设计”这门课程应运而生。

二、教材的特色

鉴于授课对象的高级语言基础，教材主要选用 C 语言作为描述算法或程序设计的工具。同时，为增强语言的描述功能，对传统 C 做了若干扩充。如：在算法或程序的编写中使用了程序设计语言 C++的引用调用&，动态内存分配、释放语句 new、delete，输入输出流 cin、cout 等。读者在学习时请注意甄别。

本教材以传统数据结构的主要内容为主线，强调数据结构的应用。每一章节都设计了多个案例，且在每一案例的描述过程中，依据以下步骤循序渐进展开讲解：

【需求分析】 对课程设计题目进行充分的描述，阐明选题的目的及意义。

【概要设计】 对课程设计题目中数据对象的逻辑属性予以充分认知，并为之设计解题的抽象数据类型，简述解题的方法。

【详细设计】 选择合适的存储结构实现各个基本操作，封装抽象数据类型，描述解题的算法，编写解题的程序。

【调试分析】 讨论解题的要点、难点，思考并比较解题的不同算法，运用时间、空间的分析手段分析算法的合理性及准确性。

【测试运行结果及用户手册】 说明程序的使用方法，列出测试的输入输出数据，使面对苛刻的、刁难式的测试数据程序也能正确运行。

【附录】 源程序文件名清单。

本教材将数据结构课程设计与数据结构理论课程有机结合。在描述各个案例的同时，采用三元式(D，S，P)的方式，完成对线性表、栈、队列、字符串、广义表、二叉树、图、集合等抽象数据类型的定义、描述和封装。借助于这些基本数据结构类型，不仅实现了教材中的各个案例，也可将之作为工具或平台，复用于其它应用中。

教材中每一个算法或程序的编写力求高效、易读并遵循程序设计的规范，从而帮助读者顺利完成学习、模仿、提高、应用的过程。

本教材中的所有案例的源程序均可通过扫描二维码或登录出版社网站(www.xduph.com)获取。

三、结束语

本教材作为与理论课程“数据结构”配套的实践课程“数据结构课程设计”的教材，希望读者通过学习，既能更好地掌握数据结构的理论，又能更好地运用数据结构提高程序设计的能力。值此再版之际，教材做了部分修改，但仍难避免存在缺点，恳请广大读者予以批评与指正。

编　者

2021 年 11 月

目　　录

第 1 章

线性表

线性表是 n 个数据元素的有限序列，可记为 $L = (a_1, a_2, \cdots a_{i-1}, a_i, a_{i+1}, \cdots, a_n)$，其中，n 是线性表的长度，当 $n = 0$ 时，为一空表；当 $n > 0$ 时，序列中必存在唯一的“第一个数据元素”，也必存在唯一的“最后一个数据元素”。除第一个数据元素外，每一数据元素均有唯一的前驱；除最后一个数据元素外，每一数据元素均有唯一的后继。

可用二元式 L = (D，S)表示线性表，其中 D 是线性表中数据元素的集合，S 是 D 中数据元素之间关系的集合，再定义一组关于线性表的基本操作，则可给出以下关于线性表抽象数据类型(D，S，P)的定义。

```
ADT List {
    数据对象：D = { ai|ai∈ElemType, i = 1, 2, …, n, n ≥ 0 }
    数据关系：S ={ <ai-1, ai>|ai-1, ai∈D, i =2, 3, …, n }
    基本操作：
        InitList(&L)
        操作结果：构造一个空的线性表
        DestroyList(&L)
        初始条件：线性表已存在
        操作结果：销毁线性表
        ClearList(&L)
        初始条件：线性表已存在
        操作结果：将线性表重置为空表
        ListEmpty(L)
        初始条件：线性表已存在
        操作结果：若线性表为空表，则返回 TRUE，否则返回 FALSE
        ListLength(L)
        初始条件：线性表已存在
        操作结果：返回线性表中数据元素的个数
        GetElem(L, i, &e)
        初始条件：线性表已存在，且 1≤i≤n(设线性表的表长为 n)
        操作结果：返回线性表中第 i 个数据元素的值
        LocateElem(L, e)
        初始条件：线性表已存在
```

操作结果：若某一特定数据元素存在于线性表中，则返回它的位序；否则操作失败

ListInsert(&L, i, e)

初始条件：线性表已存在，且 $1 \leqslant i \leqslant n+1$(设线性表的表长为 n)

操作结果：在线性表的第 i 个位置插入一个新的数据元素，线性表的表长加 1

ListAppend (&L, e)

初始条件：线性表已存在

操作结果：在线性表的表尾插入一个新的数据元素，线性表的表长加 1

ListDelete(&L, i, &e)

初始条件：线性表已存在且非空，$1 \leqslant i \leqslant n$(设线性表的表长为 n)

操作结果：删除线性表中的第 i 个数据元素并返回其值，线性表的表长减 1

ListTraverse(L, visit())

初始条件：线性表已存在

操作结果：依次对线性表中每一数据元素访问且仅访问一次

线性表是一种典型的线性结构，也是一种基本的数据结构，它不仅有着广泛的应用，更是其它数据结构的基础。本章通过案例的设计，介绍线性表抽象数据类型的实现及在抽象数据类型基础上的程序设计。

设计题 1.1　集 合 运 算

讲解视频

1.1.1　需求分析

已知集合 A 和集合 B，写一程序，实现集合运算：A= (A – B)∪(B – A)。

集合运算 A=(A–B)∪(B–A)，相当于在图 1.1 中除去交集(阴影)的剩余部分。

例如，集合 A= {a, b, c, d, e}，B={b, x, n, e}，则运算后的结果为 A={a, c, d, x, n}。

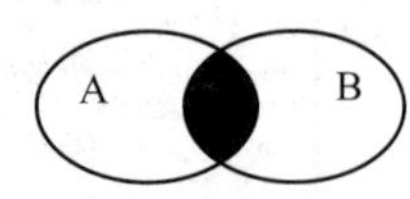

图 1.1　交集

1.1.2　概要设计

集合 A 和集合 B 可分别用线性表表示，在建立了 A 表和 B 表后，应用线性表的抽象数据类型，集合运算的解题过程大致如下：

(1) 设集合 A 和集合 B 的长度分别为 n 和 m。

(2) 以线性表的形式建立集合 A、B。

(3) 依次读取集合 B 中的数据元素到集合 A 中查找，若该数据元素已存在于集合 A 中，则将该数据元素从集合 A 中删去；否则，将该数据元素插入至集合 A 中。重复 m 次，直至集合 B 中的数据元素处理完毕。

1.1.3　详细设计

解题过程基于线性表的抽象数据类型，因此，程序设计的第一步是选用合适的存储结

构实现抽象数据类型。

由于本例问题涉及插入、删除，实现线性表抽象数据类型的数据结构(存储结构)首选带头结点的单链表。对于带头结点的单链表而言，设置头结点指针是操作的充要条件，但设置头、尾指针及表长(结构如图 1.2 所示)可使得对单链表的操作更充分。

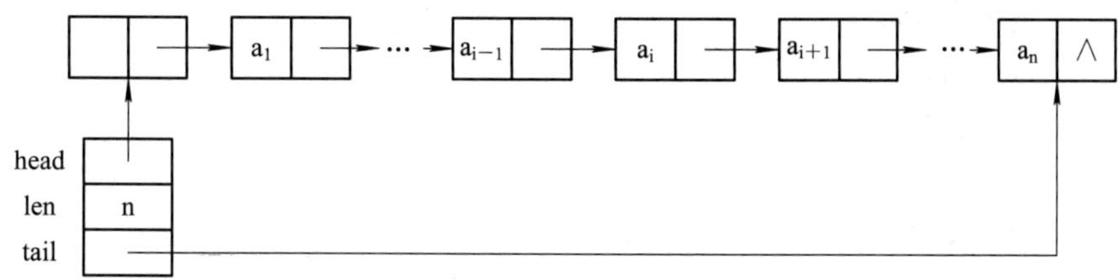

图 1.2　带头结点的单链表存储表示

用带头结点的单链表实现的线性表抽象数据类型 LinkList.h 文档如下:

```
#ifndef _LINKLIST_
#define _LINKLIST_

//单链表的结点结构
struct LinkNode{
      ElemType data;
      LinkNode *next;
};

//带头、尾结点指针及表长的单链表结构
struct LinkList{
      struct LinkNode *head;
      struct LinkNode *tail;
      int len;
};

//单链表初始化
void InitList( LinkList &L )
{
      L.len = 0;
      L.head = L.tail = new LinkNode;
      L.head->next = NULL;
}

//释放单链表中的所有数据结点
void   ClearList( LinkList &L )
```

```
{
    LinkNode *p = L.head->next, *q;
    while ( p )
    {
        q = p->next;
        delete p;
        p = q;
    }
    L.tail = L.head;
    L.head->next = NULL;
    L.len = 0;
}

//销毁单链表
void DestroyList( LinkList &L )
{
    ClearList( L );
    delete L.head;
    L.head = L.tail = NULL;
}

//判断单链表是否为空表
bool ListEmpty( LinkList L )
{
    if ( L.len == 0)
        return true;
    else
        return false;
}

//求单链表长度
int ListLength( LinkList L )
{
    return L.len;
}

//取单链表中第 i 个结点的数据信息
bool GetElem( LinkList L, int i, ElemType &e )
```

```
{
    if ( i < 1 || i > L.len )
        return false;
    LinkNode *p = L.head->next;
    int k = 1;
    while ( k < i )
    {
        p = p->next;
        k++;
    }
    e = p->data;
    return true;
}

//从第一个位置起查找与 e 匹配的数据元素，若存在则返回该数据元素的位置
int LocateElem( LinkList &L, ElemType &e,
bool( *compare )( ElemType &a, ElemType &b ) )
{
    int i = 1;
    LinkNode *p = L.head->next;
    while ( p && ! compare( p->data, e ) )
    {
        i++;
        p = p->next;
    }
    if ( p )
        return i;
    return 0;
}

//在单链表中第 i 个数据元素之前插入新的数据元素 e(i 的合法值为 1 ≤ i ≤ len + 1)
bool ListInsert( LinkList &L, int i, ElemType &e )
{
    LinkNode *p, *q;
    int k = 1;
    if ( i < 1 || i > L.len + 1 )
        return false;                       //插入位置 i 值不合法
    q = new LinkNode;
```

```
    q->data = e;
    p = L.head ;
    while ( k < i )                    //将 p 指针定位在第 i-1 个结点上
    {
        p = p->next;
        k++;
    }
    q->next = p->next;
    p->next = q;                       //插入 q 结点
    L.len++;                           //表长增 1
    if(p==L.tail)
      L.tail=q;                        //表尾插入，改变尾指针
    return true;
}

//在单链表表尾插入新的元素 e
bool ListAppend( LinkList &L, ElemType &e )
{
    LinkNode *q;
    q = new LinkNode;
    q->data = e;
    L.tail->next = q;                  //尾部插入 q 结点
    L.tail = q;
    L.tail->next = NULL;
    L.len++;                           //表长增 1
    return true;
}

//在单链表中删除第 i 个数据元素并用数据变量 e 返回其值(i 的合法值为 1≤i≤Len)
bool ListDelete( LinkList &L, int i, ElemType &e )
{
    if ( i < 1 || i > L.len )
        return false;  //删除位置 i 值不合法
    LinkNode *p,*q;
    int k = 1;
    p = L.head;
    while ( k < i )
    {
```

```
        p = p->next;
        k++;
    }
    q = p->next;
    p->next = q->next;      //删除 q 结点
    if ( q == L.tail )
        L.tail = p;
    e = q->data;
    delete q;
    L.len--;                //表长减 1
    return true;
}

//遍历，依次对单链表中的每一数据元素进行访问
//即对每一数据元素调用函数 visit( )一次且仅一次
void ListTraverse( LinkList &L, void( *visit )( ElemType &e ) )
{
    LinkNode *p = L.head->next;
    while ( p )
    {
        visit( p->data );
        p = p->next;
    }
}

#endif
```

在以单链表实现的线性表抽象数据类型基础上，实现集合运算的程序设计还包括实现集合运算的 Differrence 函数、建立集合存储的 CreateList 函数、遍历过程中的 visit( )函数对应的实参 print 函数及主函数等。

单链表实现的集合运算(A – B)∪(B – A).cpp 文档如下：

```
#include <iostream>
typedef char ElemType;
#include "LinkList.h"
using namespace std;
//匹配 LocateElem 函数中的函数参量 compare，数据元素相等的条件由数据元素类型决定
bool equal( ElemType &a, ElemType &b )
{
    if ( a == b )
```

```
        return true;
    else
        return false;
}

//匹配 ListTrverse 函数中的函数参量 Visit，输出的项数由数据元素类型决定
void print( ElemType &e )
{
    cout << e;
}

//使用线性表实现集合运算(A-B)∪(B-A)，即找出两个集合中所有不同的元素
void Differrence( LinkList &la, LinkList lb )
{
    int i;
    int lblen = ListLength(lb);

    //逐一读入 B 表的数据到 A 表中查找，若存在则从 A 表中删除，否则，插入至 A 表
    for ( i = 1; i <= lblen; i++ )
    {
        char e;
        GetElem( lb, i, e );//在单链表中取值效率较顺序表低，时间复杂度为 O(m)
        int k = LocateElem( la, e, equal );
        if ( k )
            ListDelete(la, k, e ); //在单链表中删除一个数据元素无须移动数据元素
        else
            ListAppend( la, e );//在单链表表尾插入数据元素的时间复杂度为 O(1)
    }
}

//建立以线性表存储表示的集合
void CreateList( LinkList &la, int &n )
{
    char e;
    for ( int i = 0; i < n; i++ )
    {
        cin >> e;
        ListAppend( la, e );
    }
```

```
}
int main()
{
    cout << "---此程序实现集合运算(A-B)∪(B-A)---" << endl << endl;
    cout << "《解题抽象数据类型是带头结点的单链表，数据元素类型是字符型》";
    cout << endl << endl;
    LinkList la, lb;
    int n, m;

    initList( la );
    cout << "请输入集合 A 中元素的个数：";
    cin >> n;
    cout << "请输入" << n << "个数据元素至集合 A：" << endl;
    CreateList( la, n );

    initList( lb );
    cout << "请输入集合 B 中元素的个数：";
    cin >> m;
    cout << "请输入"<< m << "个数据元素至集合 B：" << endl;
    CreateList( lb, m );

    Differrence( la, lb );
    cout << endl;
    cout << "运算后的结果是：" << endl;
    ListTraverse( la, print );
    cout << endl << endl;

    system( "pause" );
    return 0;
}
```

也可采用顺序存储结构实现线性表的抽象数据类型。顺序表的存储结构如图 1.3 所示。

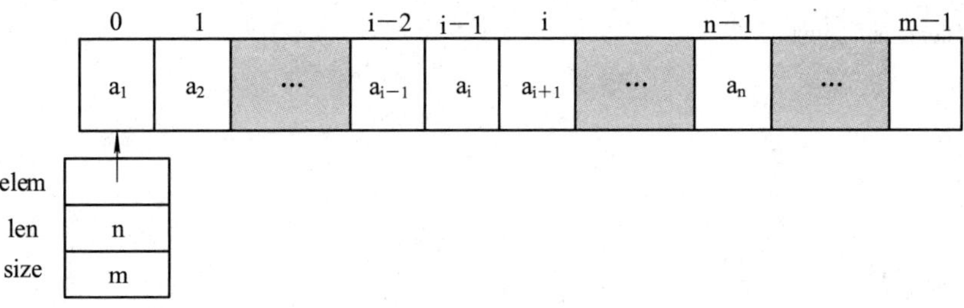

图 1.3　线性表的顺序存储表示

顺序表存储结构下线性表抽象数据类型的实现 SqList.h 文档如下：

```
#ifndef _SQLIST_
#define _SQLIST_
//顺序表结构
struct sqlist {
    int len;
    int size;
    ElemType *elem;
};

//顺序表初始化
void InitList( sqlist &L, int m )
{
    L.len = 0;
    L.size = m;
    if ( m == 0 )
        L.elem = NULL;
    else
        L.elem = new ElemType[ m ];
}

//返回顺序表中序号为 i 的数据元素(i 的合法值为 1≤i<len)
bool GetElem( sqlist L, int i, ElemType &e )
{
    if ( i < 1 || i > L.len )
        return false;
    e = L.elem[i - 1];
    return true;
}

//置空顺序表
void ClearList( sqlist &L )
{
     L.len = 0;
}

//销毁顺序表
void DestroyList( sqlist &L )
```

```
{
    delete [] L.elem ;
    L.size = L.len = 0;
    L.elem = NULL;
}
//判断顺序表是否为空表
bool ListEmpty( sqlist L )
{
    if ( L.len == 0 )
        return true;
    else
        return false;
}

//求顺序表的长度
int ListLength( sqlist L )
{
    return L.len;
}

//函数从第一个位置起查找与 e 匹配的数据元素，若存在返回它的位置
int LocateElem( sqlist &L, ElemType &e,
                bool( *compare ) ( ElemType &a, ElemType &b) )
{
    ElemType *p = L.elem;
    int i = 1;
    while ( i <= L.len && ! compare( *p, e) )
    {
        p++;
        i++;
    }
    if ( i <= L.len )
        return i;
    return 0;
}

//在顺序表的第 i 个数据元素之前插入新的数据元素 e(i 的合法值为 1≤i≤len+1)
bool ListInsert( sqlist &L, int i, ElemType &e )
```

```
{
    if ( i < 1 || i > L.len + 1 )
        return false;                   //插入位置 i 值不合法
    if ( L.len >= L.size )
    {   //表满则扩展空间
        ElemType *newbase;
        newbase = new ElemType[ L.size + 10 ];
        if ( ! newbase )
            return false;
        for ( int j = 0; j < L.len; j++ )
            newbase[j] = L.elem[j];
        delete L.elem;
        L.elem = newbase;
        L.size += 10;
    }
    ElemType *p,*q;
    q = &L.elem [ i - 1 ];              //q 为插入位置指针
    for ( p = &L.elem[ L.len - 1 ]; p >= q; --p )
        *( p + 1 ) = *p;                //插入位置及之后的数据元素后移
    *q = e;                             //插入 e
    L.len++;                            //表长增 1
    return true;
}

//在顺序表的表尾插入新的数据元素 e
bool ListAppend( sqlist &L, ElemType &e )
{
    if ( L.len >= L.size )
    {   //表满则扩展空间
        ElemType *newbase = new ElemType[ L.size + 10 ];
        if ( ! newbase )
            return false;
        for ( int j = 0; j < L.len; j++ )
            newbase[ j ] = L.elem[ j ];
        delete L.elem;
        L.elem = newbase;
        L.size += 10;
    }
```

```
    L.elem[ L.len++ ] = e;  //尾部插入 e, 表长增 1
    return true;
}

//函数在顺序表中删除第 i 个数据元素并用 e 返回(i 的合法值为 1≤i≤Len)
bool ListDelete( sqlist &L, int i, ElemType &e )
{
    if ( i < 1 || i > L.len )
        return false;                //删除位置 i 值不合法
    ElemType *p,*q;
    p = &L.elem[ i - 1 ];            //p 为删除位置指针
    e = *p;                          //被删除数据元素的值赋给 e
    q = L.elem + L.len - 1;          //q 为表尾位置指针
    for ( ++p; p <= q; p++ )
     *( p - 1 ) = *p;                //被删数据元素之后的数据元素前移
    L.len--;                         //表长减 1
    return true;
}
//遍历：依次对顺序表中的每个数据元素 visit()一次且仅一次
void ListTraverse( sqlist &L, void( *visit ) ( ElemType &e ) )
{
    ElemType *p = L.elem;
    for ( int i = 0; i < L.len; i++ )
        visit( *p++ );
}

#endif
```

应用顺序表实现的抽象数据类型，实现集合运算的程序设计同样有建立集合存储的CreateList 函数、实现集合运算的 Differrence 函数、遍历过程中的函数实参 print 函数及主函数等。

顺序表实现的集合运算(A−B)∪(B−A).cpp 文档如下：

```
#include <iostream>
typedef char ElemType;
#include "SqList.h"
using namespace std;

//匹配 LocateElem 函数中的函数参量 compare，数据元素相等的条件由数据元素类型决定
bool equal( ElemType &a, ElemType &b )
```

```
{
    if ( a == b )
        return true;
    else
        return false;
}

//匹配 ListTrverse 函数中的函数参量 Visit，输出的项数由数据元素类型决定
void print( ElemType &e )
{
    cout << e;
}

//使用顺序表实现集合运算(A-B)∪(B-A)，即找出两个集合中所有不同的元素
void Differrence( sqlist &la, sqlist lb )
{
    int i;
     int lblen = ListLength( lb );
    //逐一读入 B 表的数据到 A 表中查找，若存在则从 A 表中删除，否则，插入至 A 表
    for ( i = 1; i <= lblen; i++ )
     {
        char e;
        GetElem( lb, i, e );//在顺序表中取值效率较单链表高，时间复杂度为 O(1)
        int k = LocateElem( la, e, equal );
        if ( k )
            //在顺序表中删除一个数据元素须移动 n/2 个数据元素，时间复杂度为 O(n)
            ListDelete( la, k, e );
        else
           //在顺序表表尾插入数据元素无须移动数据元素，时间复杂度为 O(1)
            ListAppend( la, e );
    }
}

//建立以顺序表存储表示的集合
void CreateList( sqlist &la, int &n )
{
    char e;
    for ( int i = 0; i < n; i++ )
```

```
    {
        cin >> e;
        ListAppend( la, e );
    }
}

int main()
{
    cout << "---此程序实现集合运算(A-B∪(B-A)---" << endl << endl;
    cout << "《线性表抽象数据类型用顺序表实现，数据元素类型是字符型》";
    cout << endl << endl;
    sqlist la, lb;
    int n, m, size;

    cout << "请输入 A 表的初始空间大小：";
    cin >> size;
    initList( la, size);
    cout << "请输入集合 A 中元素的个数：";
    cin >> n;
    cout << "请输入" << n << "个数据元素至集合 A：" << endl;
    CreateList( la, n );

    cout << endl << "请输入 B 表的初始空间大小：";
    cin >> size;
    initList( lb, size );
    cout << "请输入集合 B 中元素的个数：";
    cin >> m;
    cout << "请输入"<< m << "个数据元素至集合 B：" << endl;
    CreateList( lb ,m );

    Differrence( la, lb );
    cout << endl;
    cout << "运算后的结果是：" << endl;
    ListTraverse( la, print );
    cout << endl << endl;
    DestroyList( la );
    DestroyList( lb );
```

```
    system( "pause" );
    return 0;
}
```

1.1.4 调试分析

用单链表实现集合运算 A = (A – B)∪(B –A)的时间复杂度为 O(n*m)，尽管用顺序表求解该过程的时间复杂度也为 O(n*m)，但由于涉及插入、删除操作，实际效率单链表略好。

对两种解题方式进行比较发现，除 Differrence、CreateList 等函数的参量表形式不同及主函数中结构变量的定义不同外，两者几乎一致。

从案例设计中可以看到，程序设计是基于抽象数据类型的。只要有了将数据结构及基本操作封装而成、已实现的抽象数据类型，程序设计即可使用抽象数据类型中的基本操作解题。也就是说，基本操作是基于具体的数据结构(存储结构)实现的，而应用过程的实现是基于基本操作的。应用过程的描述应尽量不与具体的存储结构交互，这种封装方式类似于面向对象语言中的类，使得抽象数据类型中的基本操作可做到安全地复用，且便于程序的理解和修正。另外，抽象数据类型中的数据元素类型为 ElemType，在实际应用中可利用 C 语言中的 typedef 语句激活，如 typedefe char ElemType；如此，数据元素类型在应用中也呈现多态性。

1.1.5 测试运行结果及用户手册

测试 1：执行单链表实现的集合运算(A–B)∪(B–A).exe 文件，运行结果如下：

```
---此程序实现集合运算(A-B)∪(B-A)---
《解题抽象数据类型是带头结点的单链表，数据元素类型是字符型》
请输入集合 A 中元素的个数：5
请输入 5 个数据元素至集合 A：
a b c d e
请输入集合 B 中元素的个数：4
请输入 4 个数据元素至集合 B：
b x n e
运算后的结果是：
a c d x n

请按任意键继续...
```

测试 2：执行顺序表实现的集合运算(A–B)∪(B–A).exe 文件，运行结果如下：

```
---此程序实现集合运算(A-B)∪(B-A)---
《解题抽象数据类型用顺序表实现，数据元素类型是字符型》
请输入 A 表的初始空间大小：8
请输入集合 A 中元素的个数：5
请输入 5 个数据元素至集合 A：
```

```
abcde

请输入B表的初始空间大小：6
请输入集合B中元素的个数：4
请输入4个数据元素至集合B：
bxne
运算后的结果是：
acdxn

请按任意键继续...
```

程序经 VC++ 及 Dev C++ 等编译器编译，运行环境为 Windows 操作系统，进入程序运行后即交互显示文本方式的用户界面，用户使用过程可参照提示进行。

用户手册略。

1.1.6　附录

源程序文件清单：

1) *存储结构为单链表*

(1) LinkList.h(单链表实现的线性表抽象数据类型)。

(2) 单链表实现的集合运算(A−B)∪(B−A).cpp(单链表实现的解题主程序)。

2) *存储结构为顺序表*

(1) SqList.h(顺序表实现的线性表抽象数据类型)。

(2) 顺序表实现的集合运算(A−B)∪(B−A).cpp (顺序表实现的解题主程序)。

1.1.1　　1.1.2　　1.1.3　　1.1.4

设计题 1.2　约 瑟 夫 环

讲解视频

1.2.1　需求分析

约瑟夫环(Joseph)问题的一种描述是：编号分别为 1, 2, 3, ⋯, n 的 n 个人按顺时针方向围坐一圈，每人持有一个密码(正整数)，一开始任选一个正整数作为报数上限值 m，从第一个人开始按顺时针方向自 1 开始顺序报数，报到 m 时停止报数，报 m 的人出列，将他的密码作为新的 m 值，从他在顺时针方向上的下一个人开始重新从 1 报数，如此下去，直至所有人全部出列为止。试设计一个程序求出出列顺序。

例如：有 5 个人围坐一圈，位序分别为 1, 2, 3, 4, 5，他们持有的密码分别为 5, 4, 3, 2, 1。

初始报数值 m 为 1，则首先第 1 人出列，以第 1 人的密码 5 为 m 值，顺时针方向继续报数，则下一出列人为 2, 直至所有人全部出列。如此，出列次序为 1, 2, 3, 4, 5。

1.2.2 概要设计

约瑟夫环问题仍为线性表的应用，解题过程大致如下：

(1) 建立表的存储结构，获取初始 m 值。

(2) 根据 m 值查找出列数据元素的位置，删除该数据元素并获取新的 m 值。

(3) 重复步骤(2)直至表空。

1.2.3 详细设计

为高效地描述算法过程，实现线性表抽象数据类型的数据结构(存储结构)选择不带表头结点的循环单链表，如图 1.4 所示。

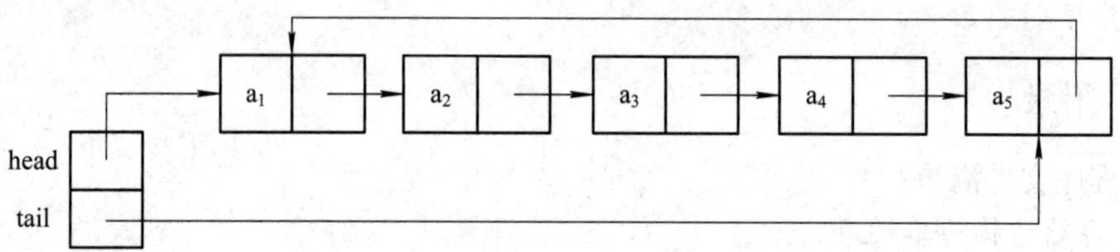

图 1.4 不带表头结点的循环单链表

用不带表头结点的循环单链表实现的线性表抽象数据类型 CycleLinkList.h 文档如下：

```
#ifndef _CycleLinkList_
#define _CycleLinkList_

//结点结构
struct LNode{
    ElemType data;
    LNode *next;
};
//不带头结点的循环单链表结构
struct CycleLinkList{
    struct LNode *head;
    struct LNode *tail;
};

//不带头结点的循环单链表初始化
void InitList( CycleLinkList &L )
{
    L.head = L.tail = NULL;
}
```

```
//判断不带头结点的循环单链表是否为空表
bool ListEmpty( CycleLinkList &L )
{
    return !L.head;
}

//释放不带头结点的循环单链表中所有数据结点
void ClearList( CycleLinkList &L )
{
    if ( L.head )
    {   //非空表
        LNode *p = L.head, *q;
        while ( p != L.tail )
        {
            q = p->next;
            delete p;
            p = q;
        }
        delete L.tail;
        L.head = L.tail = NULL;
    }
}

//销毁不带头结点的循环单链表
void DestroyList( CycleLinkList &L )
{
    ClearList( L );
}

//求不带头结点的循环单链表长度
int ListLength( CycleLinkList L )
{
    if ( !L.head )
        return 0;
    int k = 1;
    LNode *p = L.head;
    while ( p != L.tail )
    {
```

```
        p = p->next;
        k++;
    }
    return k;
}

//取不带头结点的循环单链表中第 i 个结点的值
bool GetElem( CycleLinkList L, ElemType &e, int i )
{
    if ( i < 1 || !L.head )
        return false;
    LNode *p = L.head;
    if ( i == 1 )
        e = p->data;
    else
    {
        p = p->next;
        int k = 2;
        while ( p != L.head && k < i )
        {
            p = p->next;
            k++;
        }
        if ( p == L.head )
            return false;
        e = p->data;
    }
    return true;
}

//在不带头结点的循环单链表中第 i 个数据元素之前插入新的数据元素 e(i 的合法
//值为 1≤i≤len+1)
Bool ListInsert( CycleLinkList &L, int i, ElemType e )
{
    LNode *p,*s;
    if ( i< 1 )
        return false;        // 插入位置 i 值不合法
    if ( i == 1 )
    {
```

```
            s = new LNode;
            s->data = e;
            if ( ! L.head )
                L.head = L.tail = s;          // 将 s 结点插入在空表中
            else
            {
                s->next = L.head;
                L.head = s;                   // 将 s 结点插入在表首
            }
            L.tail->next = L.head;
        }
        else
        {
            if( !L.head)
                return false;
            p = L.head;
            int j = 1;
            while ( p->next != L.head && j <i - 1 )
            {                                 // 将 p 指针定位在第 i-1 个结点上
                p = p->next;
                j++;
            }
            if ( j == i - 1 )
            {                                 // 第 i 个位置上插入 s 结点
                s = new LNode;
                s->data = e;
                s->next = p->next;
                p->next = s;
                if( p == L.tail )
                    L.tail = s;
            }
            else
                return false;
        }
        return true;
}

//在非空循环单链表表尾插入一个结点
void ListAppend( CycleLinkList &L, ElemType e )
```

```
{
    struct LNode* s;
    s = new LNode;
    s->data = e;
    s->next = L.tail->next;
    L.tail->next = s;            //尾部插入 s 结点
    L.tail = s;
}
//在非空循环单链表中删除第 i 个数据元素
bool ListDelete( CycleLinkList &L, int i, ElemType &e )
{
    LNode *p,*s;
    if ( i < 1 || !L.head )
        return false;            //删除位置 i 值不合法或空表无元素可删
    if ( i == 1 )
    {
        s = L.head;
        e = s->data;
        if ( L.head == L.tail )  //删除位置是 1，当前表长也是 1，删除后为空表
            L.head = L.tail = NULL;
        else     //删除位置是 1，删除后表尾与新表表头重新链接
            L.head = L.tail->next = L.head->next;
        delete s;
    }
    else
    {
        p = L.head;
        int j = 1;
        while ( p != L.tail && j < i - 1 )
        {   //将 p 指针定位在第 i-1 个结点上
            p = p->next;
            j++;
        }
        if ( p == L.tail )
            return false;        //删除位置 i 值不合法
        else
        {   //删除第 i 个位结点
            s = p->next;
```

```
            p->next = s->next;
            e = s->data;
            if ( L.tail == s )
                L.tail = p;
            delete s;
        }
    }
    return true;
}

// 从第一个位置起查找与 e 匹配的数据元素，若存在则返回该数据元素的位置
intLocateElem( CycleLinkList&L, ElemType&e,
               bool( *Compare )( ElemType&e1, ElemType&e2 ) )
{
    if ( ! L.head )
        return 0;
    int k = 1;
    LNode *p = L.head;
    while ( p != L.tail&& ! Compare( p->data, e ) )
    {
        k++;
        p = p->next;
    }
    if ( Compare ( p->data, e ) )
        return k;
    else
    return 0;
}

//依序对单链表中的每个数据元素进行遍历
//遍历到每个数据元素时调用函数 visit()一次且仅一次
void ListTraverse( CycleLinkList &L, void( *Visit )( ElemType &e ) )
{
    LNode *p = L.head;
    if ( p )
    {
        while ( p != L.tail )
        {
            Visit( p->data );
```

```
                p = p->next;
            }
            Visit( p->data );
        }
}

#endif
```

约瑟夫环问题涉及的数据元素类型 ElemType 为一结构体，它包括两个成员：location 和 password。location 为建表后数据元素的位置，password 为该数据元素所持的密码。在以循环单链表实现的线性表抽象数据类型基础上，完整的程序还包括实现约瑟夫环操作的 Ysfring 函数及主函数等。

约瑟夫环.cpp 文档如下：

```
#include <iostream>
using namespace std;

//数据元素类型 ：包括位置、密码
struct ElemType {
    int location;
    int password;
};

#include "CycleLinkList.h"

//匹配 LocateElem 函数中的函数参量 compare，数据元素相等的条件由数据元素类型决定
bool Equal( ElemType &a, ElemType &b )
{
    if ( a.location == b.location && a.password == b.password )
        return true;
    else
        return false;
}
//匹配 ListTrverse 函数中的函数参量 Visit，输出的项数由数据元素类型决定
void Print( ElemType &e )
{
    cout << " 位置：" << e.location << " 密码：" << e.password << endl;
}

//在约瑟夫环中(不带表头结点的循环单链表构成)依次出列
```

```
void Ysfring( CycleLinkList &L, int n, int m )
{
    struct LNode *current = L.tail, *s;
    ElemType e;
    int k = n;
    while ( n > 0 )
    {   //模运算，提高查找效率
        m = m % n;
        if ( m == 0 )
            m = n;
        //从当前位置开始计数，第 m 个结点出列
        for ( int j = 1; j < m; j++ )
            current = current->next;
        s = current->next;
        current->next = s->next;
        cout << endl << "第" << k - n + 1 << "个出列的位序是：" << s->data.location;
        m = s->data.password;
        delete s;
        n--;
    }
    L.head = L.tail = NULL;
}

int main()
{
    CycleLinkList L;
    InitList( L );
    int n, m;
    ElemType e;
    cout << "《约瑟夫环》" << endl << endl;

    cout << "请输入人数:   ";
    cin >> n;
    cout << endl << "请输入第 1 人密码:   ";
    cin >> e.password;
    e.location = 1;
    ListInsert(L, 1, e);
    for ( int i = 2;   i <= n; i++ )
```

```
    {
        cout << "请输入第" << i << "人密码:   ";
        cin >> e.password ;
        e.location = i;
        ListAppend( L, e );
    }
    cout << endl << "当前循环单链表中的数据元素依序为：" << endl << endl;
    ListTraverse( L, Print );

    cout << endl << "请输入初始密码:   ";
    cin >> m;
    Ysfring( L, n, m );
    cout << endl << endl;

    system( "pause" );
    return 0;
}
```

1.2.4 调试分析

(1) 在建表过程中，插入的第一个结点与插入其它结点有所不同。

(2) 为准确将一指针定位在删除结点的前驱位置，设置了 current 指针，该指针初始指向表尾。

(3) 为过滤不必要的循环次数，使用模运算，确保 m 为任意值时 current 指针的定位都能在链表的一次循环内完成。

(4) 由于使用了模运算，算法的复杂度为 $O(n^2)$。

1.2.5 测试运行结果及用户手册

程序经 VC++ 及 Dev C++ 等编译器编译，运行环境为 Windows 操作系统，进入程序运行后，即交互显示文本方式的用户界面，用户使用过程可参照提示进行。

用户手册略。

执行约瑟夫环.exe 文件，代入测试数据后，程序运行结果如下：

```
《约瑟夫环》

请输入人数: 5

请输入第 1 人密码: 5
请输入第 2 人密码: 4
请输入第 3 人密码: 3
```

```
请输入第 4 人密码: 2
请输入第 5 人密码: 1

当前循环单链表中的数据元素依序为:

位置: 1 密码: 5
位置: 2 密码: 4
位置: 3 密码: 3
位置: 4 密码: 2
位置: 5 密码: 1

请输入初始密码: 1

第 1 个出列的位序是: 1
第 2 个出列的位序是: 2
第 3 个出列的位序是: 3
第 4 个出列的位序是: 4
第 5 个出列的位序是: 5

请按任意键继续...
```

1.2.6 附录

源程序文件名清单：

(1) CycleLinkList.h(用不带表头结点的循环单链表实现的抽象数据类型)。

(2) 约瑟夫环.cpp(Ysfring 函数及主函数)。

1.2.1

1.2.2

练 习 题 1

1. 约瑟夫环问题

【问题描述】

约瑟夫环(Joseph)问题的一种描述是：编号分别为 1, 2, 3, …, n 的 n 个人按顺时针方向围坐一圈，每人持有一个密码(正整数)，一开始任选一个正整数作为报数值 m，从第一个人开始按顺时针方向自1开始顺序报数，报到m时停止报数，报m的人出列，将他的密码作为新的m值，从他在顺时针方向上的下一个人开始重新从1报数，如此下去，直至所有人全部出列为止。试设计一个程序求出出列顺序。

【设计要求】

(1) 采用双向循环链表存储结构，描述线性表的抽象数据类型。

(2) 写一高效算法，根据报数值m选择指针的移动方向。

2. 长整数四则运算

【问题描述】

任意长整数的输入输出格式为每4位十进制数一组，组间用逗号分隔。设计程序，实现长整数四则运算。

【设计要求】

(1) 采用带头结点的双向循环链表存储结构，描述线性表的抽象数据类型。

(2) 每个结点存放4位十进制数，设计算法，实现任意长整数的加、减法运算(头结点可做符号位)。

(3) 选做内容：实现任意长整数的乘、除法运算。

栈和队列

栈和队列从数据结构的角度来说就是线性表，与线性表不同的是它们在操作上受到限制。对于栈而言，所有对数据元素的操作限定在栈顶端进行；至于队列，对数据元素的操作只能在队尾插入，队头删除。

正是因为这样的操作限制，使得栈和队列这两种数据结构在计算机程序设计中极具应用价值。本章将分别定义和实现栈和队列这两种抽象数据类型，它们的应用不仅涉及本章中的案例，在之后的章节中，栈和队列这两种数据结构也将作为工具使用。

设计题 2.1　马 踏 棋 盘

讲解视频

2.1.1　需求分析

将马随机放在 m∗n 棋盘 Board[m][n]的某个方格中，马按国际象棋行棋的规则进行移动。要求每个方格只行走一次，走遍棋盘上全部 m∗n 个方格。编写非递归程序，求出马的行走路线，并按求出的行走路线，将数字 1，2，…，m∗n 依次填入一个 m∗n 的方阵中。

2.1.2　概要设计

棋盘可用二维数组表示，马踏棋盘问题可采用回溯法解题。当马位于棋盘某一位置时，它有唯一坐标，根据国际象棋的规则，它有 8 个方向可跳，如图 2.1 所示，即当前坐标+direct[i](其中 direct[8]={{1,2},{2,1}, {2,−1},{1,−2},{−1,−2},{−2,−1},{−2,1},{−1,2}})。对每一方向逐一探测，从中选择一可行方向继续行棋，每一行棋坐标借助栈记录，若 8 个方向均不可行，则借助栈回溯，在前一位置选择下一可行方向继续行棋，直至跳足 m∗n 步，此时成功的走步记录在栈中，或不断回溯直至栈空失败。

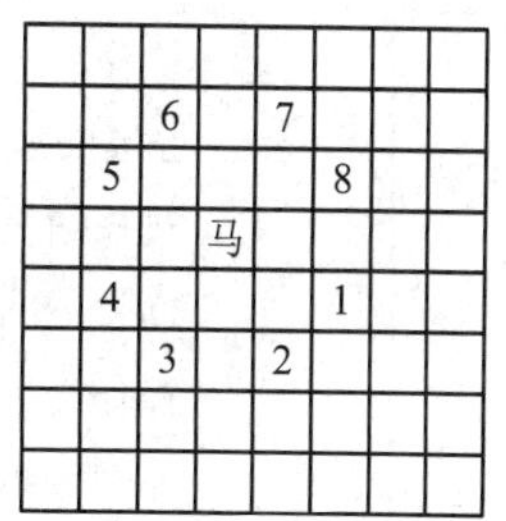

图 2.1　马的跳步方位

由于回溯法必须借助于栈实现，因此，首先给出关于栈的抽象数据类型定义：

ADT List {

　数据对象：D＝{ ai|ai∈ElemType, i= 1, 2, …, n, n≥0 }

　数据关系：R1={ <ai-1, ai>|ai-1, ai ∈D, i=2, 3, …, n }

基本操作：

InitStack(&s, m)

操作结果：栈的初始化

DestroyStack(&s)

操作结果：栈结构销毁。

ClearStack(&s)

操作结果：清空栈。

StackEmpty(s)

操作结果：判别栈是否为空

StackLength(s)

操作结果：求栈的大小。

GetTop(s, &e)

操作结果：取栈顶元素的值。先决条件是栈不空。

PushStack(&s, e)

操作结果：入栈，若栈满，则先扩展空间。插入 e 到栈顶。

PopStack(&s, &e)

操作结果：出栈，先决条件是栈非空。

}

棋盘采用的数据结构为二维数组，对二维数组的操作及结合二维数组中马的跳步等操作，则可定义以下马踏棋盘的抽象数据类型：

ADT Array {

数据对象：$D = \{a_{ij},| i = 0, 1, 2, \cdots, m-1; j = 0, 1, 2, \cdots, n-1;$

$a_{ij} \in$ ElemSet,m，n 分别为矩阵的行和列}

数据关系： R={Row，Col }

$Row = \{ <a_{ij}, a_{ij+1}> | 0 \leqslant j < m , 0 \leqslant j < n, \}$

$Col = \{ <a_{ij}, a_{i+1j}> | 0 \leqslant i < m , 0 \leqslant j < n, \}$

基本操作：

Initchess(&ch, m, n)

操作结果：棋盘 ch 初始化

Destyoychess(&ch)

操作结果：棋盘 ch 销毁

NextPos(c, d)

操作结果：当前位置 c 的第 d 个方向坐标计算

ChessPath(&ch, start, m, n)

操作结果：借助栈马从 start 位置开始跳步

运用回溯法解题，马踏棋盘的过程大致描述如下：

初始化 m*n 的棋盘;

设定入口;

```
do{
    若当前位置可行
    则{
        当前位置入栈;
        若当前位置为 m*n，则退出;
        按顺时针方向依次探测 8 个方向是否可行，若有可行方向则继续;
        否则{
            若栈不空，则退栈回溯，此时，若栈顶位置仍有可行方向则继续;
            若栈空，则失败结束;
        }
    }
}while(栈不空)
输出马踏棋盘结果。
```

2.1.3 详细设计

由于栈的操作总是在栈顶端进行，并不涉及数据元素的移动，因此，栈的存储结构通常选择顺序表，如图 2.2 所示。

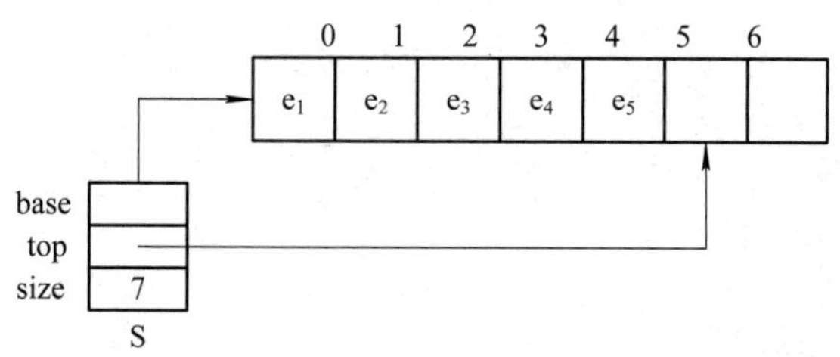

图 2.2　顺序栈

基于顺序栈实现的抽象数据类型 SqStack.h 文档描述如下：

```
#ifndef _SqStack_
#define _SqStack_

//顺序栈结构
struct SqStack {
    SElemType *base;    //基地址指针
    int top;            //栈顶指针
    int size;           //向量空间大小
};

//栈的初始化，分配 m 个结点的顺序空间，构造一个空的顺序栈
void InitSqStack( SqStack &s, int m )
```

```
{
    s.top = 0;
    s.base = new SElemType[ m ];
    s.size = m;
}

//栈销毁
void DestroySqStack( SqStack &s )
{
    delete[] s.base;
    s.top = 0;
    s.size = 0;
}

//置空栈
void ClearSqStack( SqStack &s )
{
    s.top = 0;
}

//判别栈是否为空
bool SqStackEmpty( SqStack s )
{
    return s.top == 0;
}

//求栈中元素个数
int SqStackLength( SqStack s )
{
    return s.top;
}

//取栈顶元素的值。先决条件是栈不空
bool GetTop( SqStack s, SElemType &e )
{
    if ( ! SqStackEmpty( s ) )
    {
        e = s.base[ s.top - 1 ];
```

```
            return true;
        }
        else
            return false;
}

//入栈，若栈满，则先扩展空间。插入 e 到栈顶
void PushSqStack( SqStack &s, SElemType e )
{
    if ( s.top >= s.size )
    {    //若栈满，则扩展空间
        SElemType *newbase;
        newbase = new SElemType[ s.size + 10 ];
        for ( int j = 0; j < s.top; j++ )
            newbase[ j ] = s.base[ j ];
        delete[] s.base;
        s.base = newbase;
        s.size += 10;
    }
    s.base[ s.top++ ] = e;
}

//出栈，先决条件是栈非空
bool PopSqStack( SqStack &s, SElemType &e )
{
    if ( SqStackEmpty( s ) )
        return false;
    e = s.base[ --s.top ];
    return true;
}

#endif
```

用动态分配的二维数组模拟棋盘，实现马踏棋盘抽象数据类型的 Hchess1.h 文档如下：

```
#ifndef _Hchess_
#define _Hchess_

//坐标
struct PosType {
```

```
    int x;      //行坐标
    int y;      //列坐标
};

//栈中数据元素类型
struct SElemType {
    PosType seat;   //马在棋盘中的坐标位置
    int di;         //从此点走到下一点的方向(用 0～7 表示 1～8 这 8 个方向)
};

#include "SqStack.h"

//棋盘结构
struct Hchess {
    int **chess;
    int row;
    int col;
};
//棋盘初始化
void Initchess( Hchess &ch, int m, int n )
{
    int i, j;
    ch.row = m;
    ch.col = n;
    ch.chess = new int *[ ch.row ];
    for ( i = 0; i < ch.row; i++ )
      ch.chess[ i ] = new int[ ch.col ];
    for ( i = 0; i < ch.row; i++ )
      for ( j = 0; j < ch.col; j++ )
        ch.chess[ i ][ j ] = 0;
}

//棋盘销毁
void Destroychess( Hchess &ch )
{
    for ( int i = 0; i < ch.row; i++ )
      if ( ch.chess[ i ] != NULL )
        delete [] ch.chess[ i ];
```

```
    if ( ch.chess != NULL )
      delete [] ch.chess;
}

//按顺时针可选择的 8 个跳步方向
PosType NextPos( PosType c, int d )
{
    PosType direct[ 8 ] = { { 1, 2 }, { 2, 1 }, { 2, -1 }, { 1, -2 }, { -1, -2 },
                          { -2, -1 }, { -2, 1 }, { -1, 2 } };
    c.x += direct[ d ].x;
    c.y += direct[ d ].y;
    return c;
}

//未优化马踏棋盘过程
bool ChessPath( Hchess &ch, PosType start, int m, int n, int &backnum, int &compare )
{
    SqStack path;
    InitSqStack( path, m * n );
    PosType curpos;
    SElemType e;
    curpos = start;
    int curstep = 1;
    do
    {   //判断该位置是否可行
        if ( ( curpos.x >= 0 && curpos.x < ch.row && curpos.y >= 0 && curpos.y < ch.col)
                  && ( ch.chess[ curpos.x ][ curpos.y ] == 0 ) )
        {
            compare++;                    //统计探测次数
            ch.chess[ curpos.x ][ curpos.y ] = curstep;//
            e.seat.x = curpos.x;
            e.seat.y = curpos.y;
            e.di = 0;
            PushSqStack( path, e );       //当前位置及方向入栈
            curstep++;                    //步数加 1
            curpos = NextPos( curpos,e.di );
        }
        //取下一可行的位置
```

```
        else if( ! SqStackEmpty( path ) )
        {
            compare++;                          //统计探测次数
            PopSqStack( path, e );          //退栈到前一位置
            curstep--;
            while ( e.di == 7 && ! SqStackEmpty( path ) )     //到最后一个方向
            {
                ch.chess[ e.seat.x ][ e.seat.y ] = 0 ;

                PopSqStack( path, e );       //退栈到前一位置
                curstep--;
                backnum++;                      //统计回溯次数
            }
            if ( e.di < 7 )
            {
                e.di++;
                PushSqStack( path, e );
                curstep++;
                curpos = NextPos( e.seat, e.di );
            }
        }
        //无路可行
        else
            return false;                       //无路可行
    }while( curstep < ch.row * ch.col + 1 );     //运行条件是马没有走够 64 步
    return true;
}

#endif
```

在实现栈和马踏棋盘抽象数据类型的基础上，完整的程序还包括主函数以及输出结果的 Print 函数等。

未优化马踏棋盘.cpp 文档如下：

```
#include <iostream>
#include <iomanip>
#include "Hchess1.h"
using namespace std;

//输出棋盘
```

```
void Print( Hchess &ch )
{
    int i, j;
    for ( i = 0; i < ch.row; i++ )
    {
        for ( j = 0; j < ch.col; j++ )
            cout << setw( 4 ) << ch.chess[ i ][ j ];
        cout << endl;
    }
}

int main()
{
    PosType begin;
    int m, n, backnum = 0, compare = 0;
    cout << "请输入棋盘的行数：";
    cin >> m;
    cout << "请输入棋盘的列数：";
    cin >> n;
    Hchess ch;
    Initchess( ch, m, n );
    cout << "请输入行棋初始坐标(用空格分隔)：";
    cin >> begin.x >> begin.y;
    cout << endl;
    if ( ChessPath( ch, begin, m, n, backnum, compare ) )
    {
        Print( ch );
        cout << endl << "此次运行的探测次数为：" << compare << endl;
        cout << endl << "此次运行的回溯次数为：" << backnum << endl;
    }
    else
    {
        cout << endl << "此次运行的探测次数为：" << compare << endl;
        cout << endl << "此次运行回溯次数为：" << backnum << endl;
        cout << "没有通路" << endl;
    }
    Destroychess( ch );
    cout << endl;
```

```
    system( "pause" );
    return 0;
}
```

2.1.4 调试分析

由于解题的过程是马通过探测的方式跳步，未经优化的算法回溯、探测的数据量极大，在棋盘规格为 m*n 时，最坏情况下时间复杂度约为 $O(8^{m*n})$，测试数据表明在 8*8 的棋盘上，只有个别位置因回溯、探测量相对较小能在短时间内出解(如入口坐标为 0, 0 时)，大多数位置短时间内无法出解。在 8*8 的棋盘上，入口坐标为(0, 0)时的运行结果如下：

```
请输入棋盘行数：8
请输入棋盘列数：8
请输入马的起始坐标：0 0

  1  38  59  36  43  48  57  52
 60  35   2  49  58  51  44  47
 39  32  37  42   3  46  53  56
 34  61  40  27  50  55   4  45
 31  10  33  62  41  26  23  54
 18  63  28  11  24  21  14   5
  9  30  19  16   7  12  25  22
 64  17   8  29  20  15   6  13

此次运行的探测次数为：66005602
此次运行的回溯次数为：8250669

请按任意键继续...
```

这就需要对解题的算法进行优化。

贪心算法在对问题求解时，总是做出在当前看来最优的选择。也就是说，它不从整体最优考虑，仅是获取局部的最优解。贪心算法应用于马踏棋盘时其算法思想为：在马选择下一跳步的方位时，在 8 个方向中并不是随机地选择方向，而总是选择出口少的那个方位。这里出口少是指这个位置的下一跳位置的可跳方位少。这是一种局部调整的最优做法，如果优先选择出口多的下一跳方位，那么出口少的方位会越来越多，很可能出现无路可走，只能回溯的情形，这使得搜索的数据量大增。反过来，如果每次都优先选择出口少的方位跳，那出口少的方位会越来越少，跳成功的机会就会大增。

优化后用动态二维数组实现的马踏棋盘抽象数据类型 Hchess2.h 文档如下：

```
#ifndef _Hchess_
#define _Hchess_
```

```
//棋盘坐标
struct PosType {
    int x;         //行坐标
    int y;         //列坐标
};

//优化形式下 栈中存放的数据元素类型
struct SElemType {
    PosType seat;     //马在棋盘中的坐标位置
    int di;           //从此点走到下一点的方向(0～7 表示 1～8 个方向)
    PosType A[8];     //按可跳位置的出口数排序的数组
};

#include "SqStack.h"

//马行棋的顺时针八个方向
PosType direct[ 8 ] = { { 1, 2 }, { 2, 1 }, { 2, -1 }, { 1, -2 },
                        { -1, -2 }, { -2, -1 }, { -2, 1 }, { -1, 2 } };

//二维数组表示的棋盘
struct Hchess {
    int **chess;
    int row;
    int col;
};

//棋盘初始化
void Initchess( Hchess &ch, int m, int n )
{
    int i, j;
    ch.row = m;
    ch.col = n;
    ch.chess = new int *[ ch.row ];
    for ( i = 0; i < ch.row; i++ )
      ch.chess[ i ] = new int[ ch.col ];
    for ( i = 0; i < ch.row; i++ )
      for ( j = 0; j < ch.col; j++ )
        ch.chess[ i ][ j ] = 0;
}
```

```
//销毁二维数组表示的棋盘
void Destroychess( Hchess &ch )
{
    for ( int i = 0; i < ch.row; i++ )
      if ( ch.chess[ i ] != NULL )
        delete [] ch.chess[ i ];
    if ( ch.chess != NULL )
      delete [] ch.chess;
}

//马行走的下一位置
PosType NextPos( PosType &c, SElemType &e )
{
    c.x += e.A[ e.di ].x;
    c.y += e.A[ e.di ].y;
    return c;
}
//行棋方向的优化，当前位置的下一行棋方向，不按原顺时针选择，
//而是按可跳位置中下一可跳位置的多少从小到大的筛选，相当于剪枝
void Resort( Hchess ch, SElemType &c )
{
    int i, j, k, min, m, b[ 8 ] = { 0, 0, 0, 0, 0, 0, 0, 0 };
    PosType e, r, q;
    for ( i = 0; i < 8; i++ )          //统计每一可跳位置的出口数
    {
        e.x = c.seat.x + direct[ i ].x;
        e.y = c.seat.y + direct[ i ].y;
        if ( ( e.x >= 0 && e.x < ch.row && e.y >= 0 && e.y < ch.col)
                    && (ch.chess[ e.x ][ e.y ] == 0 ) )
            for ( j = 0; j < 8; j++ )
            {
                r.x = e.x + direct[ j ].x;
                r.y = e.y + direct[ j ].y;
                if ( ( r.x >= 0 && r.x < ch.row &&r.y >= 0 && r.y < ch.col)
                            && (ch.chess[ r.x ][ r.y ] == 0 ) )
                    b[ i ]++;
            }
    }
```

```
    for ( i = 0; i < 7; i++ )          //对每一可跳位置的出口数进行从小到大的排序
    {
        min = 8 ;
        k = i;
        for ( j = i; j < 8; j++ )
            if ( b[ j ] > 0 && b[ j ] < min )
            {
                min = b[ j ];
                k = j;
            }
        m = b[ i ];
        b[ i ] = b[ k ];
        b[ k ] = m;
        q = c.A[ i ];
        c.A[ i ] = c.A[ k ];
        c.A[ k ] = q;
    }
}

//按优化后的策略马踏棋盘
bool ChessPath( Hchess &ch, PosType start, int m, int n, int &backnum, int &compare)
{
    SqStack path;
    PosType curpos, curp;
    SElemType e;
    InitSqStack( path, m * n );
    curpos = start;
    int curstep = 1;
    do
    {   //判断当前位置是否可行
        if ( ( curpos.x >= 0 && curpos.x < ch.row && curpos.y >= 0
                    && curpos.y < ch.col) && ( ch.chess[ curpos.x ][ curpos.y ] == 0 ) )
        {
            compare++;  //统计探测次数
            ch.chess[ curpos.x ][ curpos.y ] = curstep;
            e.seat.x = curpos.x;
            e.seat.y = curpos.y;
            e.di = 0;
            for ( int i = 0; i < 8; i++ )
```

```
                e.A[ i ] = direct[ i ];
            Resort( ch, e );
            PushSqStack( path, e );             //当前位置及方向入栈
            curstep++;                          //足迹加 1
            curpos = NextPos( curpos, e);
        }
        //取可行的下一位置
        else if ( ! SqStackEmpty( path ) )
        {
            compare++;                      //统计探测次数
            PopSqStack( path, e );          //退栈到前一位置
            curstep--;
            while ( e.di == 7 && ! SqStackEmpty( path ) ) //到最后一个方向
            {
                ch.chess[ e.seat.x ][ e.seat.y ] = 0 ;
                PopSqStack( path, e );      //退回一步
                curstep--;
                backnum++;                  //统计回溯次数
            }
            if ( e.di < 7 )
            {
                e.di++;
                PushSqStack( path, e );
                curstep++;
                curpos = NextPos( e.seat, e );
            }
        }
        //无路可走
        else
            return false;
    }while( curstep < ch.row * ch.col + 1 );    //运行条件是马没有走够 64 步
    return true;
}

#endif
```

将优化版马踏棋盘的主函数与未经优化的程序比较，仅是将包含的头文件由未经优化的 Hchess1.h 文件改变为优化后的 Hchess2.h。在 Hchess2.h 文档中，马在行棋的下一方向选择为不按原顺时针方向，而是按可跳位置中下一可跳方位的多少进行从小到大排序后的选择。

优化版马踏棋盘.cpp 文档如下：

```
#include <iostream>
#include <iomanip>
#include "Hchess2.h"
using namespace std;
//输出结果
void Print( Hchess &ch )
{
    int i, j;
    for ( i = 0; i < ch.row; i++ )
    {
        for ( j = 0; j < ch.col; j++ )
            cout << setw( 4 ) << ch.chess[ i ][ j ];
        cout << endl;
    }
}
int main()
{
    PosType begin;
    int m, n, backnum = 0, compare = 0;
    cout << "请输入棋盘行数：";
    cin >> m;
    cout << "请输入棋盘列数：";
    cin >> n;
    Hchess ch;
    Initchess( ch, m, n );
    cout << "请输入马的起始坐标：";
    cin >> begin.x >> begin.y;
    cout << endl;
    if ( ChessPath( ch, begin, m, n, backnum, compare ) )
    {
        Print( ch );
        cout << endl;
        cout << "此次运行探测次数为：" << compare << endl;
        cout << "此次运行回溯次数为：" << backnum << endl;
    }
    else
    {
        cout << "没有通路" << endl;
```

```
        cout << "此次运行探测次数为：" << compare << endl;
        cout << "此次运行回溯次数为：" << backnum << endl;
    }

    Destroychess( ch );
    cout << endl;
    system( "pause" );
    return 0;
}
```

优化后的算法大幅提高了运算速度。实验数据表明，在有通路的 m∗n 的棋盘上几乎没有回溯，算法的时间复杂度约为 O(m∗n)。

2.1.5　测试运行结果及用户手册

本程序的运行环境为 Windows 操作系统，执行文件为优化版马踏棋盘.exe。通过两例测试，展示用户使用方式及运行结果。

测试 1：存在通路的情况下，执行优化版马踏棋盘 .exe，运行结果如下：

```
请输入棋盘行数：16
请输入棋盘列数：16
请输入马的起始坐标：5 8
 70  27 152 241  72  29 256 239  74  31 216 231  76  33  80 219
151 134  71  28 249 240  73  30 245 238  75  32 217 220  77  34
 26  69 248 153 242 253 246 255 234 227 232 215 230  79 218  81
133 150 135 252 247 250 235 244 237 214 229 226 221 204  35  78
 68  25 154 149 194 243 254 197 228 233 222 213 208 225  82  85
147 132 177 136 251 198 195 236   1 212 207 224 203  84 205  36
 24  67 148 155 178 193 174 199 196 223   2 209 206 185  86  83
119 146 131 176 137 168 179 190 211 200 183 186   3 202  37  88
 66  23 120 145 156 175 192 173 182 189 210 201 184  87   4  47
101 118 143 130 169 138 167 180 191 172 165 162 187  48  89  38
 22  65 102 121 144 157 170 127 166 181 188 111 164 161  46   5
103 100 117 142 129 122 139 158 171 126 163 160  49  90  39  54
 64  21 104  99 116 141 128 123 114 159 110 125 112  55   6  45
 15  18  61  96 105  98 115 140 109 124 113  50  91  42  53  40
 20  63  16  13  60  95 106  11  58  93 108   9  56  51  44   7
 17  14  19  62  97  12  59  94 107  10  57  92  43   8  41  52
此次运行探测次数为：261
此次运行回溯次数为：0
请按任意键继续. . .
```

测试 2：没有通路的情况下，执行优化版马踏棋盘 .exe，运行结果如下：

```
请输入棋盘行数：3
请输入棋盘列数：5
请输入马的起始坐标：1 1
没有通路
此次运行探测次数为：3225
此次运行回溯次数为：402

请按任意键继续...
```

用户手册略。

2.1.6　附录

源程序文件名清单：

1) 未经优化的马踏棋盘程序

(1) Hchess1.h(用动态二维数组实现的未经优化的马踏棋盘抽象数据类型)。

(2) 马踏棋盘 1.cpp(未经优化的马踏棋盘主程序)。

(3) SqStack.h(用顺序表实现的栈的抽象数据类型)。

2.1.1

2.1.2

2.1.3

2) 经优化的马踏棋盘程序

(1) Hchess2.h(用动态二维数组实现的经优化的马踏棋盘抽象数据类型)。

(2) 马踏棋盘 2.cpp(经优化的马踏棋盘主程序)。

2.1.4

2.1.5

设计题 2.2　车 厢 调 度

讲解视频

2.2.1　需求分析

一列货运列车共有 n 节车厢，每节车厢将停放在不同的车站。假定 n 个车站的编号(由远到近)依次为 1～n，即货运列车按照第 n 站至第 1 站的次序经过这些车站。为了便于从列车上卸掉相应的车厢，车厢的编号应与车站的编号相同，使各车厢从前至后按编号 1～n 的次序排列，这样，在每个车站只需卸掉最后一节车厢即可。因此，需要对给定任意次序的车厢进行重新排列。

2.2.2 概要设计

可以通过转轨站完成车厢的重排工作，在转轨站中有一个入轨、一个出轨和 k 个缓冲轨，缓冲轨位于入轨和出轨之间。开始时，任意的 n 节车厢从入轨进入转轨站，转轨结束时各车厢按照编号 1 至 n 的次序离开转轨站进入出轨。假定缓冲轨按先进先出的方式运作，可将它们视为 k 个队列，并且禁止将车厢从缓冲轨移至入轨，也禁止从出轨移至缓冲轨。图 2.3 给出了一个转轨站，其中有 3 个缓冲轨 H1、H2 和 H3。

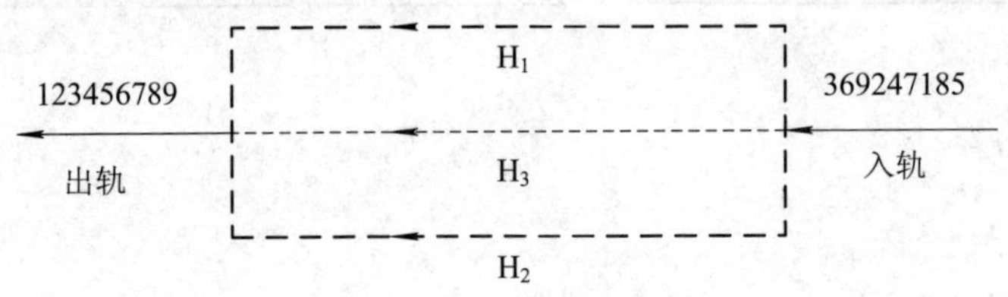

图 2.3 转轨站示意图

本例的设计是关于队列的应用，由于求解问题需要用到队列模拟缓冲轨，因此，首先给出关于队列的抽象数据类型定义：

```
ADT Queue{
    数据对象：D= { ai|ai∈ ElemType, i = 1, 2,… , n, n ≥0 }
    数据关系：R1={ <ai-1, ai>|ai-1,ai ∈ D,i =2, 3, …, n }
    基本操作：
        InitQueue(&Q)
        操作结果：队列的初始化
        DestroyQueue(&Q)
        操作结果：队列结构销毁。
        ClearQueue(&Q)
        操作结果：清空队列。
        EmptyQueue(Q)
        操作结果：判别队列是否为空
        LengthQueue(Q)
        操作结果：求队列中的数据元素个数。
        GetHendQueue (&Q.&e)
        操作结果：取队头元素的值，先决条件是队列不空。
        EnQueue (&Q,e)
        操作结果：入队列
        DeQueue(&Q, &e )
        操作结果：出队列，先决条件是队列非空
}
```

在转轨站中，需要用到多个队列进行车厢的调度，以下定义转轨站的抽象数据类型，可视为多个队列构成的线性结构。

```
ADT CTrackStation
{
    数据对象：D= { ai|ai∈ LinkQueue, i = 1, 2, …, k, k≥0 }
    数据关系：R1={ <ai-1, ai>|ai-1,ai∈ D,i =2, 3, …, k }
    基本操作：
        InitCTrackStation(&TS, &k)
        操作结果：对 k 个缓冲轨初始化
        DestroyCTrackStation(&TS)
        操作结果：销毁 k 个缓冲轨
        bool HoldIn(&TS, &car)
        操作结果：车厢 car 移到其中一个可用缓冲轨
        bool HoldOut(&TS, &car)
        操作结果：将缓冲轨中适配的车厢 car 移出，成功返回 true
}
```

基于队列及转轨站两种抽象数据类型，再分别对 k 个队列初始化，且设当前输出车厢号 nowout=1、入轨车厢序号 i =0，n 节车厢重排的算法大致描述如下：

```
While(nowout<= n)
{
   如果各缓冲轨队列中有队头元素等于 nowout
       则输出该车厢;
       nowout++;
   否则，求小于 car[i]的最大队尾元素所在队列的编号 j;
   如果 j 存在
       则把 car[i]移至缓冲轨 j;
   否则
       如果至少有一个空缓冲轨
           则把 car[i]移至一个空缓冲轨;
       否则，车厢无法重排，算法结束。
   i++;
}
车厢已重排，算法结束。
```

2.2.3　详细设计

由于车厢的数量并不确定，为避免溢出，本例采用带头结点的单链表实现队列的抽象数据类型。链队列如图 2.4 所示。

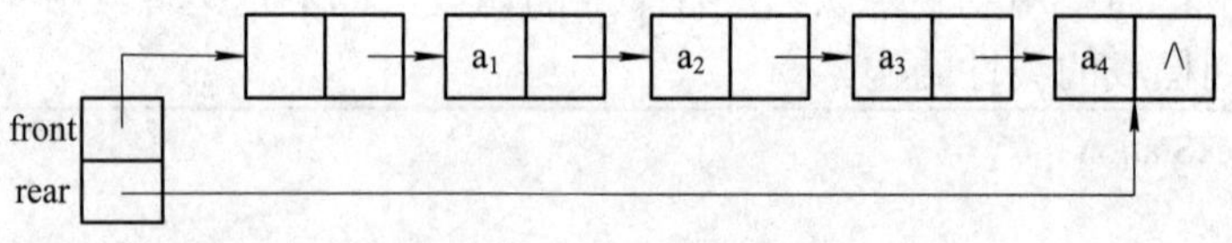

图 2.4 链队列

单链表实现的队列抽象数据类型 LinkQueue.h 文档如下：

```
#ifndef _LINKQUEUE_H_
#define _LINKQUEUE_H_

//链队列结点结构
struct LinkNode {
    QElemType data;
    LinkNode *next;
};

//带头结点的链队列结构
struct LinkQueue {
    LinkNode    *front;            //队头指针
    LinkNode    *rear;             //队尾指针
};

//构造一个空的链队列
void InitQueue( LinkQueue &Q )
{
    Q.front = Q.rear = new LinkNode ;
    Q.front->next = NULL;
}//LinkQueue

//将链队列清空
void ClearQueue( LinkQueue &Q )
{
    LinkNode *p;
    while ( Q.front->next != NULL )
    {
        p = Q.front->next;
        Q.front->next = p->next;
        delete p;
    }
```

```
    Q.rear = Q.front;
}

//链队列结构销毁
void DestroyQueue( LinkQueue &Q )
{
    ClearQueue( Q );   //成员函数 ClearQueue()的功能是释放链表中的所有元素结点
    delete Q.front;
    Q.front = Q.rear = NULL;
}

//判断链队列是否为空，若为空，则返回 true，否则返回 false
bool QueueEmpty( LinkQueue Q )
{
    return Q.front == Q.rear;
}

//返回链队列中元素个数
int QueueLength( LinkQueue Q )
{
    int i = 0;
    LinkNode *p = Q.front->next;
    while ( p != NULL )
    {
        i++;
        p = p->next;
    }
    return i;
}

//取链队列队头元素的值，先决条件是队列不空
QElemType GetHead( LinkQueue &Q )
{
    return Q.front->next->data;
}

//取链队列队尾元素的值，先决条件是队列不空
QElemType GetLast( LinkQueue &Q )
```

```
{
    return Q.rear->data;
}

//链队列入队，插入 e 到队尾
void EnQueue( LinkQueue &Q, QElemType e )
{
    LinkNode *p;
    p = new LinkNode ;
    p->data = e;
    p->next = NULL;
    Q.rear->next = p;
    Q.rear = p;
}

//链队列出队，先决条件是队列不空
bool DeQueue( LinkQueue &Q,QElemType &e )
{
    if ( QueueEmpty( Q ) )
        return false;
    LinkNode *p = Q.front->next;
    Q.front->next = p->next;
    e = p->data;
    if ( p == Q.rear )
        Q.rear = Q.front;   //若出队后队列为空，需修改 Q.rear
    delete p;
    return true;
}

#endif
```

转轨站抽象数据类型的实现，数据结构设计为队列的指针向量，其 Realign.h 文档如下：

```
#ifndef _Realign_H_
#define _Realign_H_
#include "LinkQueue.h"
struct CTrackStation {
    LinkQueue *pTracks;   //各缓冲轨(队列)
    int trackCount;       //缓冲轨数量
};
```

```
//初始化 k 个轨道
void InitCTrackStation(CTrackStation &TS,int &k)
{
    TS.trackCount = k;
    TS.pTracks = new LinkQueue[ k ];
    for ( int i = 0; i < k; i++ )
        InitQueue( TS.pTracks[ i ] );
}

//销毁 k 个轨道
void DestroyCTrackStation( CTrackStation &TS )
{
    for ( int i = 0; i < TS.trackCount; i++ )
        DestroyQueue(TS.pTracks[i]);
    delete[] TS.pTracks;
    TS.trackCount = 0;
}

//将车厢 car 移到其中一个可用缓冲轨，成功返回 true
bool HoldIn( CTrackStation &TS, int &car, int &k )
{
    int bestTrack = - 1;   //目前最优的缓冲轨
    int bestLast = - 1;    //最优缓冲轨中的最后一节车厢
    int i;

    for ( i = 0; i < TS.trackCount; i++ )
    {  //查找最优缓冲轨
        if ( ! QueueEmpty( TS.pTracks[ i ] ) )
        {
            int last;    //车厢编号
            last = GetLast( TS.pTracks[ i ] );
            if(car > last && last > bestLast)
            { //缓冲轨 i 尾部的车厢号较大
              bestLast = last;
              bestTrack = i;
            }
        }
```

```
    }
    if ( bestTrack == -1 )
    {   //未找到合适缓冲轨，查找空闲缓冲轨
      for ( i = 0; i < TS.trackCount; i++ )
          if ( QueueEmpty( TS.pTracks[ i ] ) )
          {
              bestTrack = i;
              break;
          }
    }
    if ( bestTrack == -1 )
        return false;           //没有可用的缓冲轨
    EnQueue( TS.pTracks[ bestTrack ], car );
    k = bestTrack;              //将车厢 ca 移入 k 号缓冲轨
    return true;
}
//将缓冲轨中车厢 car 移出，成功返回 true
bool HoldOut( CTrackStation &TS, int &car, int &k )
{
    int i;
    for ( i = 0; i < TS.trackCount; i++ )
    {
        if ( ! QueueEmpty( TS.pTracks[ i ] ) )
        {
            int headCar;    //车厢编号
            headCar = GetHead( TS.pTracks[ i ] );
            if ( headCar == car )
            {
                DeQueue( TS.pTracks[ i ], headCar );
                k = i;    //将缓冲轨中车厢 car 从 k 号轨移出
                return true;
            }
        }
    }
    return false;
}

#endif
```

完整的程序还包括实现对 n 节车厢进行重排的 RealignCTrackStation 函数及主函数等。车厢重排 .cpp 文档如下：

```
#include <iostream>
using namespace std;
typedef int QElemType;
#include "Realign.h"

//利用 k 个缓冲轨，对 n 节车厢重排
bool RealignCTrackStation( CTrackStation &TS, int *A, int &n )
{
    int k, nowOut = 1, i = 0;
    while ( nowOut <= n )
    {
        if ( HoldOut(TS, nowOut, k ) )
        {
            cout << nowOut << " 号车厢从 "<< k << "号缓冲轨出队" << endl;
            nowOut++;
            continue;
        }
        if ( i >= n || ! HoldIn( TS, A[i], k ) )
            return false;
        cout << A[ i ] << " 号车厢进入 " << k << " 号缓冲轨" << endl;
        i++;
    }
    return true;
}

int main()
{
    int i, m, k;
    cout << "请输入需重排的车厢数:";
    cin >> m;
    int car, A[ m ];
    cout << "请依次输入需重排的车厢序列编号:";
    for ( i = 0; i < m; i++ )
        cin >> A[i];
    cout << "请输入缓冲轨(队列)的数目：";
    cin >> k;
```

```
	cout << endl;
	CTrackStation trackStation; //构建缓冲轨站
	bool ok = false;
	do
	{
		InitCTrackStation( trackStation, k );
		if ( RealignCTrackStation( trackStation, A, m ) )
		{//利用缓冲轨站重排车厢
			ok = true;
			cout << endl << "车厢已重排！" << endl;
		}
		else
		{
			DestroyCTrackStation( trackStation );
			cout << "缓冲轨的数目为"<< k <<"时，因车厢无法重排，请重输缓冲轨的数目:";
			cin >> k;
			cout << endl;
		}
	}while ( ! ok );
	DestroyCTrackStation( trackStation );

	system( "pause" );
	return 0;
}
```

2.2.4 调试分析

(1) 在把车厢 i 移至缓冲轨时，车厢 i 应移动到这样的缓冲轨中：该缓冲轨中队尾车厢的编号小于 i(如果有多个缓冲轨满足这一条件，则选择队尾车厢编号最大的缓冲轨)，若没有这样的缓冲轨，则选择一个空的缓冲轨。

假定重排 9 节车厢，其初始次序为 3、6、9、2、4、7、1、8、5。同时令 k=3，车厢重排过程如图 2.5 所示。3 号车厢不能直接经缓冲轨移动到出轨，因为 1 号和 2 号车厢必须排在 3 号车厢之前，因此把 3 号车厢移动至缓冲轨 H_1。6 号车厢可放在 H_1 中 3 号车厢之后，因为 6 号车厢将在 3 号车厢之后输出。9 号车厢可以继续放在 H_1 中 6 号车厢之后。而接下来的 2 号车厢不能放在 9 号车厢之后，因为 2 号车厢必须在 9 号车厢之前输出，因此应把 2 号车厢放在缓冲轨 H_2 的队头。4 号车厢可以放在 H_2 中 2 号车厢之后，7 号车厢可以继续放在 4 号车厢之后，如图 2.5(a)所示。至此，1 号车厢可通过缓冲轨 H_3 直接移至出轨，然后从 H_2 移动 2 号车厢至出轨，从 H_1 移动 3 号车厢至出轨，从 H_2 移动 4 号车厢至出轨，如图 2.5(b)所示。由于 5 号车厢此时仍在入轨中，所以把 8 号车厢移动至 H_2，5 号车厢可经

H_3 直接从入轨移至出轨，如图 2.5(c)所示。此后，可依次从缓冲轨中移出 6 号、7 号、8 号和 9 号车厢，如图 2.5(d)所示。

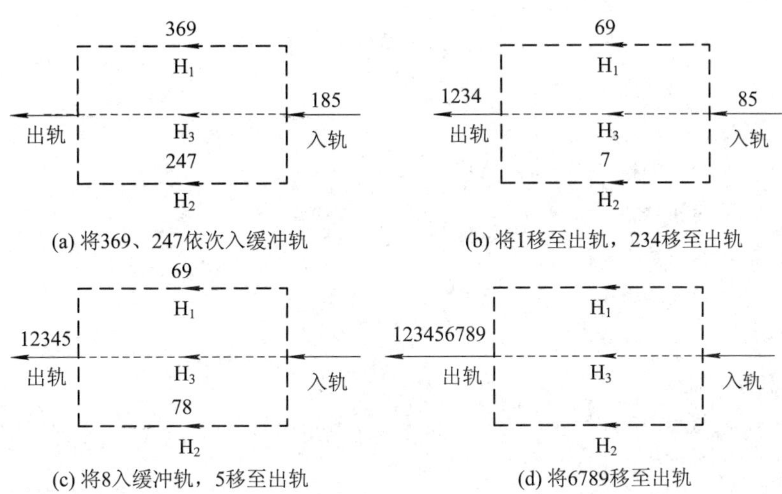

图 2.5　车厢重排过程

(2) 由于车厢初始序列的不确定性，极限下调度 n 节车厢可能需要 n 个缓冲轨，故在主函数中设计了一个循环：当车厢无法调度时，增加缓冲轨重排。

(3) 该算法的时间复杂度为 O(k*n)，其中，n 为车厢的个数，k 为缓冲轨的个数。

2.2.5　测试运行结果及用户手册

程序经 VC++ 及 Dev C++ 等编译器编译，运行环境为 Windows 操作系统，进入程序运行后即交互显示文本方式的用户界面，用户使用过程可参照提示进行。

用户手册略。

执行车厢重排.exe 文件，代入测试数据后程序运行结果如下：

```
请输入需重排的车厢数：9
请依次输入需重排的车厢序列编号：3 6 9 2 4 7 1 8 5

请输入缓冲轨(队列)的数目：2
3 号车厢进入 0 号缓冲轨
6 号车厢进入 0 号缓冲轨
9 号车厢进入 0 号缓冲轨
2 号车厢进入 1 号缓冲轨
4 号车厢进入 1 号缓冲轨
7 号车厢进入 1 号缓冲轨

缓冲轨的数目为 2 时，因车厢无法重排，请重输缓冲轨的数目:3
3 号车厢进入 0 号缓冲轨
```

```
6 号车厢进入 0 号缓冲轨
9 号车厢进入 0 号缓冲轨
2 号车厢进入 1 号缓冲轨
4 号车厢进入 1 号缓冲轨
7 号车厢进入 1 号缓冲轨
1 号车厢进入 2 号缓冲轨
1 号车厢从 2 号缓冲轨出队
2 号车厢从 1 号缓冲轨出队
3 号车厢从 0 号缓冲轨出队
4 号车厢从 1 号缓冲轨出队
8 号车厢进入 1 号缓冲轨
5 号车厢进入 2 号缓冲轨
5 号车厢从 2 号缓冲轨出队
6 号车厢从 0 号缓冲轨出队
7 号车厢从 1 号缓冲轨出队
8 号车厢从 1 号缓冲轨出队
9 号车厢从 0 号缓冲轨出队

车厢已重排

请按任意键继续...
```

2.2.6 附录

源程序文件名清单：

(1) LinkQueue.h(用单链表实现的队列抽象数据类型)。

(2) Realign.h(用队列实现的轨道抽象数据类型)。

(3) 车厢重排.cpp(车厢重排的 RealignCTrackStation 函数及主函数)。

2.2.1　　2.2.2　　2.2.3

练 习 题 2

1. 停车场管理问题

【问题描述】

设停车场是一个可停放 n 辆汽车的狭长通道，且只有一个大门可供汽车进出。汽车在停车场内按车辆到达时间的先后顺序，依次由北向南排列(大门在最南端，最先到达的第一辆车停放在车场的最北端)，若车场内已停满 n 辆汽车，则后来的汽车只能在门外的便道上等候，一旦有车开走，则排在便道上的第一辆车即可开入；当停车场内某辆车要离开时，在它之后进入的车辆必须先退出车场为它让路，待该车辆开出大门外，其它车辆再按照原次序进入车场，每辆停放在车场的车在它离开停车场时必须按它停留的时间长短交纳费用。试为停车场编制按上述要求进行管理的模拟程序。

【设计要求】

(1) 以栈模拟停车场，以队列模拟车场外的便道，栈以顺序存储结构实现，队列以链表存储结构实现。

(2) 按照从终端读入的输入数据序列进行模拟管理。每一组输入数据包括三个数据项：汽车“到达”或“离去”信息、汽车牌照号码以及到达或离去的时刻。对每一组输入数据进行操作后的输出信息为：若是车辆到达，则输出汽车在停车场内或便道上的停车位置；若是车辆离去，则输出汽车在停车场内停留的时间和应交纳的费用(在便道上停留的时间不收费，便道上的车辆也可直接开走)。

2. 魔王语言问题

【问题描述】

有一个魔王总是使用自己的一种非常精练而抽象的语言讲话，没有人能听得懂，但他的语言是可以逐步解释成人能听懂的语言，因为他的语言是由以下两种形式的规则由人的语言逐步抽象出来的：

(1) $\alpha \rightarrow \beta_1\beta_2\cdots\beta_m$

(2) $(\theta\delta_1\delta_2\cdots\delta_n) \rightarrow \theta\delta_n\theta\delta_{n-1}\cdots\theta\delta_1\theta$

在两种形式中，从左到右均表示解释。

【设计要求】

用下述两条具体规则和上述规则形式(2)，试写一个魔王语言的解释系统，借助于栈和队列把他的话解释成人能听得懂的语言。

设大写字母表示魔王语言的词汇，小写字母表示人的语言词汇，希腊字母表示可以用大写字母或小写字母代换的变量。魔王语言可含人的词汇。

(1) B→tAdA

(2) A→sae

例如：A(abcd)B 可解释为：saeadacabatsaedsae

数组、串和广义表

讲解视频

设计题 3.1 稀疏矩阵的转置

若以常规二维数组表示高阶的稀疏矩阵，则一方面因需要存储大量的零元素而浪费空间，另一方面计算中还会有很多不必要的与零值的运算。可以采用压缩存储的方法来解决这个问题，即只存储非零元素。简单的方法是，将非零元素所在的行号(row)、列号(col)和它的值(val)构成一个三元组来表达该元素，这样矩阵中的每个非零元素就由一个三元组(row, col, val)唯一确定。本例讨论在压缩存储的方式下，稀疏矩阵的表示及矩阵转置的实现。

3.1.1 需求分析

当矩阵 $A_{m\times n}$ 中非零元素个数 t 远远小于矩阵元素的总数 m*n 时(即 t<<m*n)，称该矩阵为稀疏矩阵。图 3.1 所示就是两个稀疏矩阵。

$$\mathbf{A}=\begin{bmatrix} 0 & -2 & 0 & 0 & 7 & 0 & 0 \\ 0 & 0 & 0 & 3 & 0 & 0 & 0 \\ -1 & 0 & 0 & 0 & 0 & 0 & 0 \\ 0 & 0 & 0 & 0 & 0 & 0 & 0 \\ 0 & 2 & 0 & 0 & 0 & 0 & 9 \\ 5 & 0 & 0 & 0 & -4 & 0 & 0 \end{bmatrix} \qquad \mathbf{B}=\begin{bmatrix} 0 & 0 & -1 & 0 & 0 & 5 \\ -2 & 0 & 0 & 0 & 2 & 0 \\ 0 & 0 & 0 & 0 & 0 & 0 \\ 0 & 3 & 0 & 0 & 0 & 0 \\ 7 & 0 & 0 & 0 & 0 & -4 \\ 0 & 0 & 0 & 0 & 0 & 0 \\ 0 & 0 & 0 & 0 & 9 & 0 \end{bmatrix}$$

图 3.1 稀疏矩阵 **A** 和 **B**

在图 3.1 中，B 是 A 的转置矩阵。若以常规二维数组表示的矩阵，实现转置过程的时间复杂度为 O(m*n)。在压缩存储的方式下，稀疏矩阵转置过程的时间复杂度仍然期望达到 O(m*n)作为课程设计的一个重要目标。

3.1.2 概要设计

稀疏矩阵中的数据元素(非零元)用三元组表示，在以行序为主的次序下，数据元素之间的关系是一个序列，数据结构为线性结构，可称之为三元组表。

以下代码定义稀疏矩阵的三元组表抽象数据类型：

```
ADT Queue {
    数据对象：D={ ai|ai∈Trituple, i= 1, 2, …, n, n ≥ 0 }
    数据关系：R1={ <ai-1, ai>|ai-1, ai ∈D, i=2, 3, …, n }
```

```
    基本操作：
        void InitSparseMatrix(&A)
        初始化，构造一个空的稀疏矩阵三元组表
        void DestroySparseMatrix(&A)
        三元组表结构销毁
        bool TransposeTo(A, &B)
        求 A 矩阵的转置矩阵 B
        bool STransposeTo_Faster(A, &B)
        用快速转置的方法，求 A 矩阵的转置矩阵 B
}
```

对于三元组表，以行序为主的次序进行的稀疏矩阵转置结果如图 3.2 所示。

Row	col	val
1	2	−2
1	5	7
2	4	3
3	1	−1
5	2	2
5	7	9
6	1	5
6	5	−4

(a) A矩阵

Row	col	val
1	3	−1
1	6	5
2	1	−2
2	5	2
4	2	3
5	1	7
5	6	−4
7	5	9

(b) 转置后的B矩阵

图 3.2　三元组表(以行序为主次序)表示的矩阵

描述矩阵转置的算法大致有以下两种：

第一种算法：由于矩阵 A 的列是矩阵 B 的行，因此，按 A 的列序递增次序逐列到 A 矩阵中找出元素放到 B 中，即可得到按行优先顺序存放的转置矩阵 B。

为了找到 A 的每一列中所有的非零元素，需要对三元组表 A 从头到尾扫描一遍。由于矩阵 A 的表示是以行序为主的顺序存放的，列号相同的元素按行号递增，因此得到的恰是矩阵 B 应有的次序。

若矩阵 A 的行数为 m，列数为 n，算法需要对 A 矩阵扫描 n 遍，设 A 矩阵中非零元素个数为 t，则其时间复杂度为 O(n∗t)。当 t 与 m∗n 同数量级时，算法的时间复杂度为 $O(m*n^2)$，效率较低。

第二种算法：为了提高转置操作的效率，可以采用以下称为快速转置的方法。如果能预先确定矩阵 A 中每一列(即转置矩阵 B 的每一行)的第一个非零元素在 B 中的存储位置，那么，在对 A 中的三元组依次作转置时，就可以直接放到 B 中的恰当位置上去。为了确定这些位置，应该在转置前先求出 A 的每一列中非零元素的个数(num 表)，进而求得每一列第一个非零元素在 B 中的存储位置(cpot 表)，俗称行表。图 3.3 所示为对 A 矩阵求得的 B 矩阵行表值。

	0	1	2	3	4	5	6
num	2	2	0	1	2	0	1
cpot	0	2	4	4	5	7	7

图 3.3　对 A 矩阵求得的 B 矩阵行表值

3.1.3 详细设计

以三元组(顺序)表实现的稀疏矩阵抽象数据类型 Trituple.h 文档实现如下：

```
#ifndef _Trituple_
#define _Trituple_
//三元组
struct Trituple {
    int row, col;    //非零元素的行号、列号
    int val;         //非零元素的值
};
//顺序三元组表结构
struct SparseMatrix {
    Trituple *data;              //存储非零元素三元组的数组
    int rows, cols, terms;       //矩阵的行数、列数、非零元素个数
    int maxterms;                //数组 data 的大小
};

//分配 maxt 个三元组结点的顺序空间，构造一个空的稀疏矩阵三元组表
void InitSparseMatrix( SparseMatrix &A, int maxt )
{   A.maxterms = maxt;
    A.data = new Trituple [ A.maxterms ];
    A.terms = A.rows = A.cols = 0;
}

//三元组表结构销毁
void DestroySparseMatrix( SparseMatrix A )
{   if ( A.data != NULL ) delete[] A.data;
}

//求 A 的转置矩阵 B
bool TransposeTo( SparseMatrix A, SparseMatrix &B )
{   if ( A.terms > B.maxterms )
        return false;
    B.rows = A.cols;
    B.cols = A.rows;
    B.terms = A.terms;
    if ( A.terms > 0 )
    {
```

```
            int p = 0;
            for ( int j = 1; j <= A.cols; j++ )
                for ( int k = 0; k < A.terms; k++ )
                    if ( A.data[ k ].col == j )
                    {       B.data[ p ].row = j;
                            B.data[ p ].col = A.data[ k ].row;
                            B.data[ p ].val = A.data[ k ].val;
                            p++;
                    }
        }
        return true;
}
//快速转置，求 A 的转置矩阵 B
bool STransposeTo_Faster( SparseMatrix A, SparseMatrix &B )
{       if ( A.terms > B.maxterms )
            return false;
        B.rows = A.cols;
        B.cols = A.rows;
        B.terms = A.terms;

        if ( A.terms > 0 )
        {       int *num, *cpot;
                int j, k, p;
                num = new int[ A.cols ];
                cpot = new int[ A.cols ];
                //初始化 num[]
                for ( j = 0; j < A.cols; j++ )
                        num[ j ] = 0;

                //统计每一列的非零元素个数 num[]
                for ( k = 0; k < A.terms; k++ )
                        num[ A.data[ k ].col - 1 ]++;

                //求出 B 中每一行的起始下标 cpot[]
                cpot[ 0 ] = 0;
                for ( j = 1; j < A.cols; j++ )
                        cpot[ j ] = cpot[ j - 1 ] + num[ j - 1 ];
```

```
            //执行转置操作
            for( k = 0; k < A.terms; k++ )
            {
                p = cpot[ A.data[ k ].col - 1 ]++;      //B 中的位置
                B.data[ p ].row = A.data[ k ].col;
                B.data[ p ].col = A.data[ k ].row;
                B.data[ p ].val = A.data[ k ].val;
            }

            delete[] num;
            delete[] cpot;
        }
        return true;
}

#endif
```

完整的稀疏矩阵转置程序还包括稀疏矩阵的输入函数 Input、输出函数 Output 以及主函数等。稀疏矩阵转置.cpp 文件如下：

```
#include <iostream>
#include <iomanip>
using namespace std;
#include "三元组表抽象数据类型的实现.h"

//输入稀疏矩阵
bool Input( SparseMatrix &A )
{
    cout << "请注意，矩阵的行、列下标从 1 起始" << endl;
    cout << "输入稀疏矩阵的行数、列数以及非零元素个数: ";
    cin >> A.rows >> A.cols >> A.terms;
    if ( A.terms > A.maxterms )
    {
        cout << "非零元个数太多！ " << endl;
        return false;
    }
    if ( A.terms == 0)
        return true;
    cout << "按行序输入" << A.terms << "个非零元素的三元组" << endl;
```

```
    for ( int i = 0; i < A.terms; i++ )
    {
        cout << "请输入第" << i + 1 << "个非零元素的行号、列号和元素值：";
        cin >> A.data[ i ].row >> A.data[ i ].col >> A.data[ i ].val;
        if ( A.data[ i ].row < 1 || A.data[ i ].row > A.rows
                                  || A.data[ i ].col < 1 || A.data[ i ].col > A.cols )
        {
              cout << "矩阵输入有误！" << endl;
              return false;
        }
    }
    return true;
}

//输出稀疏矩阵
void Output( SparseMatrix A )
{
    cout << "rows=" << A.rows << "," << "cols=" << A.cols << "," << "terms=" << A.terms
        << endl;
    cout << "用三元组表结构表示的稀疏矩阵如下：" << endl;
    cout << "   row   col   val" << endl;
    cout << "-----------------" << endl;
    for ( int i = 0; i < A.terms; i++ )
        cout<< setw(5) << A.data[i].row<<setw(5) << A.data[i].col
            << setw(5) << A.data[i].val << endl;
}

int main()
{
    SparseMatrix M;
    InitSparseMatrix( M, 100 );
    if ( Input( M ) )
    {    cout << "原始矩阵：" << endl;
         Output( M );
         SparseMatrix T, S;
         InitSparseMatrix( T, 100 );
         InitSparseMatrix( S, 100 );
```

```
        cout << endl << "普通转置后矩阵：" << endl;
        if ( TransposeTo( M, T ) )
            Output( T );

        cout << endl << "快速转置后矩阵：" << endl;
        if ( STransposeTo_Faster( M, S ) )
            Output( S );
    }

    system( "pause" );
    return 0;
}
```

3.1.4 调试分析

(1) 在三元组表抽象数据类型实现过程中，基本操作仅根据问题设置了最小子集，借助这一平台，还可添加诸如稀疏矩阵相加、相乘等更多的操作。

(2) 未设置行表的矩阵转置算法最坏情况下时间复杂度为 $O(m*n^2)$，设置行表的快速矩阵转置的算法时间复杂度为 $O(m*n)$，其中，m 和 n 分别为矩阵的行数和列数。

3.1.5 测试运行结果及用户手册

程序经 VC++ 及 Dev C++ 等编译器编译，运行环境为 Windows 操作系统，进入程序运行后即交互显示文本方式的用户界面，用户使用过程可参照提示进行。

用户手册略。

执行文件为稀疏矩阵转置.exe 文件，代入测试数据后程序运行结果如下：

```
请注意，矩阵的行、列下标从 1 起始

输入稀疏矩阵的行数、列数以及非零元素个数: 6 7 8
按行序输入 8 个非零元素的三元组
请输入第 1 个非零元素的行号、列号和元素值：1 2 -2
请输入第 2 个非零元素的行号、列号和元素值：1 5 7
请输入第 3 个非零元素的行号、列号和元素值：2 4 3
请输入第 4 个非零元素的行号、列号和元素值：3 1 -1
请输入第 5 个非零元素的行号、列号和元素值：5 2 2
请输入第 6 个非零元素的行号、列号和元素值：5 7 9
请输入第 7 个非零元素的行号、列号和元素值：6 1 5
请输入第 8 个非零元素的行号、列号和元素值：6 5 -4

原始矩阵:
```

```
rows=6,cols=7,terms=8
用三元组表结构表示的稀疏矩阵如下:
  row  col  val
-----------------
    1    2   -2
    1    5    7
    2    4    3
    3    1   -1
    5    2    2
    5    7    9
    6    1    5
    6    5   -4

普通转置后矩阵:
rows=7,cols=6,terms=8
用三元组表结构表示的稀疏矩阵如下:
  row  col  val
-----------------
    1    3   -1
    1    6    5
    2    1   -2
    2    5    2
    4    2    3
    5    1    7
    5    6   -4
    7    5    9

快速转置后矩阵:
rows=7,cols=6,terms=8
用三元组表结构表示的稀疏矩阵如下:
  row  col  val
-----------------
    1    3   -1
    1    6    5
    2    1   -2
    2    5    2
    4    2    3
    5    1    7
    5    6   -4
```

```
    7    5    9

请按任意键继续 ...
```

3.1.6 附录

源程序文件名清单：

(1) Trituple.h(用三元组顺序表实现的稀疏矩阵抽象数据类型)。

(2) 稀疏矩阵转置.cpp(包括主函数及稀疏矩阵的输入、输出函数)。

3.1.1

3.1.2

设计题 3.2 广义表的操作

讲解视频

3.2.1 需求分析

广义表是n(n≥0)个数据项的有限序列，通常记为：GL = (e_1, e_2, …, e_n)。其中，GL 是广义表的名称，e_i(1≤i≤n)是广义表的数据项，每一数据项既可以是一个单元素(原子)，也可以是一个广义表。若 e_i 是广义表，则称它为 GL 的子表。此外，n 为广义表的长度，当 n = 0 时，广义表为空表；若广义表非空(n≥1)，则第一个数据项 e_1 称为 GL 的表头，其余项组成的表(e_2, …, e_n)称为 GL 的表尾。广义表在展开后所含括号的重数称为广义表的深度。其中，原子的深度为 0，空表的深度为 1。

例如：广义表 GL = ((a, (b, c)), (), (((x, y, z))))，其长度为 3，深度为 4，表头为第一项 (a, (b, c))，对于非空的表而言，第一项可能是表，也可能是单元素。表尾为剩下项加括号：((), (((x, y, z))))，对于非空表而言，表尾一定是广义表。

广义表是对线性表的进一步推广，广泛地应用于人工智能等领域。本例设计及实现广义表抽象数据类型，并演示诸如取表头、表尾等关于广义表的变换。

3.2.2 概要设计

广义表抽象数据类型可定义如下：

```
ADT Glist {
    数据对象：
        D＝{ei|ei∈AtomSet 或 ei∈GList，i = 1, 2, …, n，n≥0，AtomSet 为某个数据对象}
    数据关系：
        R1＝{<ei-1, ei>|ei-1, ei∈D, i = 2, 3, …, n}
    基本操作：
        InitGList(&L)
```

```
        操作结果：创建空的广义表 L
        DestroyGList(&L)
        初始条件：广义表 L 存在
        操作结果：销毁广义表 L
        CreateGList(&L, S)
        初始条件：S 是广义表的书写形式串
        操作结果：由 S 创建广义表 L
        CopyGList(&T, L)
        初始条件：广义表 L 存在
        操作结果：复制广义表 L 得到广义表 T
        GListLength(L)
        初始条件：广义表 L 存在
        操作结果：求广义表 L 的长度
        GListDepth(L)
        初始条件：广义表 L 存在
        操作结果：求广义表 L 的深度
        GListEmpty(L)
        初始条件：广义表 L 存在
        操作结果：判断广义表 L 是否为空
        GetHead(L)
        初始条件：广义表 L 存在
        操作结果：取广义表 L 的表头
        GetTail(L)
        初始条件：广义表 L 存在
        操作结果：取广义表 L 的表尾
        InsertFirst_GL(&L, q )
        初始条件：广义表 L 存在
        操作结果：插入元素 q 作为广义表 L 的第一项元素
        InsertTail_GL(&L, q);
        初始条件：广义表 L 存在
        操作结果：插入元素 q 作为广义表 L 的最后一项元素
        DeleteFirst_GL(&L)
        初始条件：广义表 L 存在
        操作结果：删除广义表 L 的第一项元素，并通过函数返回其值
        Traverse_GL(L, Visit())
        初始条件：广义表 L 存在
        操作结果：遍历广义表 L，用 Visit()处理每项元素
}
```

3.2.3 详细设计

由于广义表的每一项既可以是一个单元素(原子)，也可以是一个广义表，因而难以用顺序存储结构表示，通常采用链式存储结构。图 3.4 是广义表头尾链表存储表示法中的结点结构。其中，表结点由 3 个域组成：tag 为标志域，其值为 1 时，hp 为指向表头的指针域，tp 为指向表尾的指针域。原子结点有 2 个域：tag 为标志域，其值为 0 时，atom 为值域，用于存放原子的值。

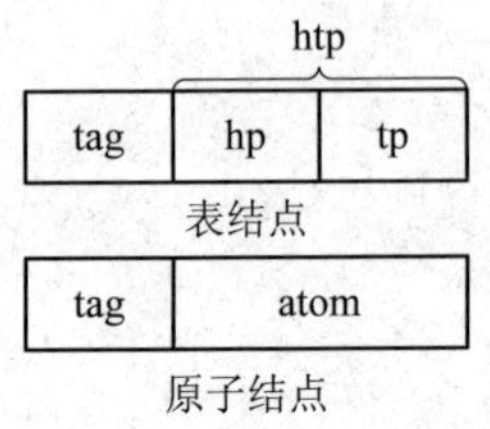

图 3.4 广义表结点结构

图 3.5 是广义表头尾链表存储表示结构示意图。其中：除空表的表头指针为空外，对任意非空列表，其表头指针均指向一个表结点，且该结点的 hp 指向列表的表头(可能是表结点，也可能是原子结点)，tp 指针指向列表的表尾(除非表尾为空、tp 指针为空，否则 tp 指针必指向表结点)，且若表头、表尾仍是非空的表还需继续作这样的分解。因此，在广义表的操作中，取表头、表尾被视为最重要的操作。

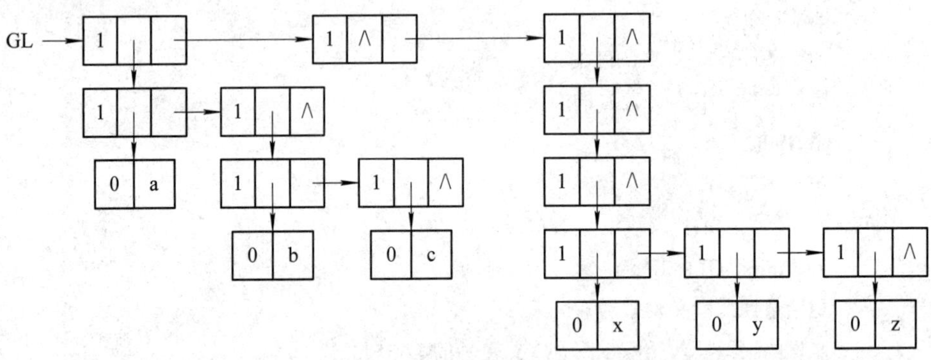

图 3.5 广义表 GL = ((a,(b,c)),(),(((x,y,z))))的存储表示

另外，在本例的设计过程中，广义表的书写形式为字符串，为建立广义表头尾链表的存储表示，须对字符串进行分割处理，这就需要一个关于字符串的数据类型。虽然大多数高级语言将字符串作为基本的数据类型，但通常只包含最小子集，本例在实现广义表抽象数据类型(GList.h 文档)的同时，还描述了较丰富的字符串操作。采用堆分配形式存储结构实现的字符串抽象数据类型 HString.h 文档如下：

```
#ifndef _HString_
#define _HString_

//串的堆分配存储结构
```

```
struct HString {
    char *ch;                           //若是非空串，则按串长分配存储区，否则 ch 为 NULL
    int length;                         //串长度
};

//以下为采用堆分配存储结构实现的串的基本操作
//初始化(产生空串)字符串 T
void InitString( HString &T )
{
    T.length = 0;
    T.ch = NULL;
}
//生成一个其值等于串常量 chars 的串 T
bool StrAssign( HString &T, char *chars )
{
    int i, j;
    if (T.ch )
        delete T.ch;                    //释放 T 原有空间
    for ( i = 0; chars[ i ]; i++ );     //求 chars 的长度 i
    if ( ! i )
    {   //chars 的长度为 0
        T.ch = NULL;
        T.length = 0;
    }
    else
    {   //chars 的长度不为 0
        T.ch = new char[ i ];           //分配串空间
        if ( ! T.ch )                   //分配串空间失败
            return false;
        for ( j = 0; j < i; j++ )       //拷贝串
            T.ch[ j ] = chars[ j ];
        T.length = i;
    }
    return true;
}

//初始条件: 串 S 存在。操作结果: 由串 S 复制得串 T
bool StrCopy( HString &T, HString S )
```

```
{
    int i;
    if ( T.ch )
        delete T.ch;                    //释放 T 原有空间
    T.ch = new char[ S.length ];        //分配串空间
    if ( ! T.ch )                       //分配串空间失败
        return false;
    for ( i = 0; i < S.length; i++ )    //拷贝串
        T.ch[ i ] = S.ch[ i ];
    T.length = S.length;
    return true;
}

//初始条件: 串 S 存在。操作结果: 若 S 为空串，则返回 TRUE，否则返回 FALSE
bool StrEmpty( HString S )
{
    if ( S.length == 0 && S.ch == NULL )
        return true;
    else
        return false;
}

//若 S > T，则返回值 > 0；若 S = T，则返回值 = 0；若 S < T，则返回值 < 0
int StrCompare( HString S, HString T )
{
    int i;
    for ( i = 0; i < S.length && i < T.length; i++ )
        if ( S.ch[ i ] != T.ch [i ] )
            return S.ch[ i ] - T.ch[ i ];
    return S.length - T.length;
}

//返回 S 的元素个数，称为串的长度
int StrLength( HString S )
{
    return S.length;
}
```

```
//将 S 清为空串
void ClearString( HString &S )
{
    if ( S.ch)
    {
        delete S.ch;
        S.ch = NULL;
    }
    S.length = 0;
}

//堆分配类型字符串销毁等价 ClearString
void DestroyString( HString &S )
{
    ClearString( S );
}
//用 T 返回由 S1 和 S2 联接而成的新串
bool Concat( HString &T, HString S1, HString S2 )
{
    int i;
    if ( T.ch )
        delete T.ch;
    T.length = S1.length + S2.length;
    T.ch = new char[ T.length ];
    if ( ! T.ch )
        return false;
    for ( i = 0; i < S1.length; i++ )
        T.ch[ i ] = S1.ch[ i ];
    for ( i = 0; i < S2.length; i++ )
        T.ch[ S1.length + i ] = S2.ch[ i ];
    return true;
}

//用 Sub 返回串 S 的第 pos 个字符起长度为 len 的子串
//其中，1≤pos≤StrLength(S)且 0≤len≤StrLength(S)-pos+1
bool SubString( HString &Sub, HString S, int pos, int len )
{
    int i;
```

```
    if ( pos < 1 || pos > S.length || len < 0 || len > S.length - pos + 1 )
        return false;
    if ( Sub.ch )
        delete Sub.ch;        //释放旧空间
    if ( ! len )              //空子串
    {
        Sub.ch = NULL;
        Sub.length = 0;
    }
    else
    { //完整子串
        Sub.ch = new char[ len ];
        if ( ! Sub.ch )
            return false;
        for ( i = 0; i <= len - 1; i++ )
            Sub.ch[ i ] = S.ch[ pos - 1 + i ];
        Sub.length = len;
    }
    return true;
}

//T 为非空串。若主串 S 中第 pos 个字符之后存在与 T 相等的子串，
//则返回第一个这样的子串在 S 中的位置，否则返回 0
int Index( HString S, HString T, int pos )
{
    int n, m, i;
    HString sub;
    InitString( sub );
    if ( pos > 0 )
    {
        n = StrLength( S );
        m = StrLength( T );
        i = pos;
        while ( i <= n - m + 1 )
        {
            SubString( sub, S, i, m );
            if ( StrCompare( sub, T ) != 0 )
                i++;
```

```
                else
                    return i;
            }
        }
        return 0;
}

//1≤pos≤StrLength(S)+1。在串 S 的第 pos 个字符之前插入串 T
bool StrInsert( HString &S, int pos, HString T)
{
        int i;
        if ( pos < 1 || pos > S.length + 1 )              //pos 不合法
            return false;
        if ( T.length )                                   //T 非空，则重新分配空间，插入 T
        {
            S.ch = ( char* )realloc( S.ch, ( S.length + T.length ) * sizeof( char ) );
            if ( ! S.ch )
                return false;
            for ( i = S.length - 1; i >= pos - 1; i-- )   //为插入 T 而腾出位置
                S.ch[ i + T.length ] = S.ch[ i ];
            for ( i = 0; i < T.length; i++ )
                S.ch[ pos - 1 + i ] = T.ch[ i ];          //插入 T
            S.length += T.length;
        }
    return true;
}

//在串 S 中删除第 pos 个字符起长度为 len 的子串
bool StrDelete( HString &S, int pos, int len )
{
        int i;
        if ( S.length < pos + len - 1 )
            return false;
        for ( i = pos - 1; i <= S.length - len; i++ )
            S.ch[ i ] = S.ch[ i + len ];
        S.length -= len;
        S.ch = ( char* )realloc( S.ch, S.length * sizeof( char ) );
        return true;
```

```
}

//初始条件: 串 S,T 和 V 存在，T 是非空串(此函数与串的存储结构无关)
//操作结果: 用 V 替换主串 S 中出现的所有与 T 相等的不重叠的子串
bool Replace( HString &S, HString T, HString V )
{
    int i = 1;                    //从串 S 的第一个字符起查找串 T
    if ( StrEmpty( T ) )          //T 是空串
        return false;
    do
    {
        i = Index( S, T, i );     //结果 i 为从上一个 i 之后找到的子串 T 的位置
        if ( i )                  //串 S 中存在串 T
        {
            StrDelete( S, i, StrLength( T ) );     //删除该串 T
            StrInsert( S, i, V );                  //在原串 T 的位置插入串 V
            i += StrLength( V );                   //在插入的串 V 后面继续查找串 T
        }
    } while( i );
    return true;
}

//输出 T 字符串
void StrPrint( HString T )
{
    int i;
    for ( i = 0; i < T.length; i++)
        cout << T.ch[ i ];
    cout << endl;
}

#endif
```

借助于字符串抽象数据类型，用头尾链表存储结构实现的广义表抽象数据类型 GList.h 文档如下：

```
#ifndef _GList_
#define _GList_
using namespace std;
//广义表的头尾链表存储表示
```

```
enum ElemTag { ATOM,LIST }; //ATOM==0:原子，LIST==1:子表
typedef struct GLNode {
    ElemTag tag;            //公共部分，用于区分原子结点和表结点
    union                   //原子结点和表结点的联合部分
    {
        AtomType atom;      //atom 是原子结点的值域，AtomType 由用户定义
        struct
        {
            GLNode *hp, *tp;
        } ptr;              //ptr 是表结点的指针域，prt.hp 和 ptr.tp 分别指向表头和表尾
    };
}*GList, GLNode;            //广义表类型

//以下为头尾链表存储结构下实现的广义表基本操作

//创建空的广义表 L
void InitGList( GList &L )
{
    L = NULL;
}

//广义表的书写形式为为 HString 类型的串
#include"HString.h"         //HString 类型的基本操作

//将非空串 str 分割成两部分:hstr 为第一个逗号前的子串，str 为之后的子串
bool sever( HString &str, HString &hstr )
{
    int n, i = 1, k = 0;    //k 记录尚未配对的左括号个数
    HString ch, c1, c2, c3;
    InitString( ch );       //初始化 HString 类型的变量
    InitString( c1 );
    InitString( c2 );
    InitString( c3 );
    StrAssign( c1, "," );
    StrAssign( c2, "(" );
    StrAssign( c3, ")" );
    n = StrLength(str);
    do
```

```
    {
        SubString( ch, str, i, 1 );
        if ( ! StrCompare( ch, c2 ) )
            k++;
        else if ( ! StrCompare( ch, c3 ) )
            k--;
        i++;
    }while ( i <= n && StrCompare( ch, c1 ) || k != 0 );
    if ( i <= n )
    {
        StrCopy( ch, str );
        SubString( hstr, ch, 1, i - 2 );
        SubString(str, ch, i, n - i + 1 );
    }
    else
    {
        StrCopy( hstr, str );
        ClearString( str );
    }
    return true;
}

//采用头尾链表存储结构，由广义表的书写形式串 S 创建广义表 L。设 emp="()"
bool CreateGList( GList &L, HString S )
{
    HString emp, sub, hsub;
    GList p, q;
    InitString( emp );
    InitString( sub );
    InitString( hsub );
    StrAssign( emp, "()" );
    if ( ! StrCompare( S, emp ) )          //创建空表
        L = NULL;
    else
    {
        L = new GLNode;                    //建表结点
        if ( StrLength( S ) == 1 )         //创建单原子广义表
        {
```

```
            L->tag = ATOM;
            L->atom = S.ch[ 0 ];
        }
        else
        {
            L->tag = LIST;
            L->ptr.tp = L->ptr.tp = NULL;
            p = L;
            SubString( sub, S, 2, StrLength( S ) - 2 );   //脱外层括号
            do                                            //重复建 n 个子表
            {
                sever( sub, hsub );                       //从 sub 中分离出表头串 hsub
                CreateGList( p->ptr.hp, hsub );
                q = p;
                if ( ! StrEmpty( sub ) )                  //表尾不空
                {
                    p = new GLNode;
                    p->ptr.tp = p->ptr.tp = NULL;
                    p->tag = LIST;
                    q->ptr.tp = p;
                }
            } while ( ! StrEmpty( sub ) );
            q->ptr.tp = NULL;
        }
    }
    return true;
}

//广义表的头尾链表存储的销毁操作
void DestroyGList( GList &L )
{
    if ( L )
    {
        if ( L->tag == LIST )                    //删除表结点
        {
            DestroyGList( L->ptr.hp );
            DestroyGList( L->ptr.tp );
            delete L;
```

```
        }
        else
        {
            delete L;                    //删除原子结点
        }
        L = NULL;
    }
}

//采用头尾链表存储结构，由广义表 L 复制得到广义表 T
bool CopyGList( GList &T, GList L )
{
    if ( ! L) //复制空表
        T = NULL;
    else
    {
        T = new GLNode;              //建表结点
        if ( ! T )
            return false;
        T->tag = L->tag;
        if ( L->tag == ATOM )
            T->atom = L->atom;       //复制单原子
        else
        {
            CopyGList( T->ptr.hp, L->ptr.hp );
            CopyGList( T->ptr.tp ,L->ptr.tp );
        }
    }
    return true;
}

//返回广义表的长度，即元素个数
int GListLength( GList L )
{
    int len = 0;
    if( ! L )
        return 0;
    while ( L )
```

```
    {
        L = L->ptr.tp;
        len++;
    }
    return len;
}

//采用头尾链表存储结构，求广义表 L 的深度
int GListDepth( GList L )
{
    int max, dep;
    GList pp;
    if ( ! L )
        return 1;                          //空表深度为 1
    if ( L->tag == ATOM )
        return 0;                          //原子深度为 0

    for ( max = 0, pp = L; pp; pp = pp->ptr.tp )
    {
        dep = GListDepth( pp->ptr.hp );    //求以 pp->a.ptr.hp 为头指针的子表深度
        if ( dep > max )
            max = dep;
    }
    return max + 1;                        //非空表的深度是各元素的深度的最大值加 1
}
//判定广义表是否为空
bool GListEmpty( GList L )
{
    if ( ! L )
        return true;
    else
        return false;
}

//取广义表 L 的头
GList GetHead( GList &L )
{
    GList p, t;
```

```
    if ( ! L )
    {
        cout << "空表无表头!" << endl;
        exit(0);
    }
    p = L->ptr.hp;
    CopyGList( t, p );
    return t;
}

//取广义表 L 的尾
GList GetTail( GList &L )
{
    GList p, t;
    if ( ! L )
    {
        cout << "空表无表尾!" << endl;
        exit(0);
    }
    p = L->ptr.tp;
    CopyGList( t, p );
    return t;
}

//初始条件: 广义表存在
//操作结果: 插入元素 q 作为广义表 L 的第一个元素(表头，也可能是子表)
void InsertFirst_GL( GList &L, GList q )
{
    GList t, p = new GLNode;
    p->tag = LIST;
    CopyGList( t, q );
    p->ptr.hp = t;
    p->ptr.tp = L;
    L = p;
}

//初始条件: 广义表存在
//操作结果: 插入元素 q 作为广义表 L 的最后一个元素(表头，也可能是子表)
```

```
void InsertTail_GL( GList &L, GList q)
{
    GList p = L;
    while ( p->ptr.tp )
        p = p->ptr.tp;
    p->ptr.tp = new GLNode;
    p->ptr.tp->tag = LIST;
    p->ptr.tp->ptr.tp = NULL;
    p->ptr.tp->ptr.hp = q;
}

//初始条件: 广义表 L 存在
//操作结果: 删除广义表 L 的第一元素，并用 q 返回其值
GList DeleteFirst_GL( GList &L )
{
    if ( L )
    {
        GList p, q;
        p = L->ptr.hp;
        q = L;
        L = L->ptr.tp;
        delete q;
        return p;
    }
}

//利用递归算法遍历广义表 L
void Traverse_GL( GList L, void( *visit )( AtomType ) )
{
    if ( L ) //L 不空
    {
        if ( L->tag == ATOM ) //L 为单原子
            visit( L->atom );
        else //L 为广义表
        {
            cout << "(";
            Traverse_GL( L->ptr.hp, visit );
            while( L->ptr.tp )
```

```
                {
                    cout << ",";
                    L = L->ptr.tp;
                    Traverse_GL( L->ptr.hp, visit );
                }
                cout << ")";
            }
        }
        else
            cout << "()";
    }

#endif
```

完整的广义表基本操作的演示程序还包括访问函数实参 visit 函数及主函数等。广义表基本操作的演示.cpp 文档如下：

```
#include <iostream>
typedef char AtomType; //定义原子类型为字符型
#include"GList.h"
using namespace std;

//访问函数实参
void visit( AtomType e )
{
    cout << e;
}

int main()
{
    char st[ 80 ];
    GList La, Lb, Lc, Ld;
    HString s;
    InitString( s );
    InitGList( La );
    InitGList( Lb );
    InitGList( Lc );
    cout << "......广义表基本操作的演示......" << endl << endl;
    cout << "空广义表 La 的深度  = " << GListDepth( La ) << endl;
```

```
cout << "空广义表 La 的长度 = " << GListLength( La )<< endl << endl;

cout << "请输入非空广义表 La【书写形式：空表:(),单原子:a,其它:(a,(b),b))】" << endl;
gets( st );
StrAssign( s, st );
CreateGList( La, s );
cout << "广义表 La 的长度 = " << GListLength( La ) << endl;
cout << "广义表 La 的深度 = " << GListDepth( La ) << endl << endl;
cout << "通过广义表的存储遍历广义表 La：" << endl;
Traverse_GL( La, visit );

cout << endl << endl << " 复制广义表 Lb = La " << endl;
CopyGList( Lb, La );
cout << "广义表 Lb 的长度 = " << GListLength( Lb ) << endl;
cout << "广义表 Lb 的深度 = " << GListDepth( Lb ) << endl;
cout << "遍历当前广义表 Lb：" << endl;
Traverse_GL( Lb, visit );

Lc = GetHead( La );
cout << endl << endl << "取当前广义表 La 的表头：" << endl;
Traverse_GL( Lc, visit );
DestroyGList( Lc );

Lc = GetTail( La );
cout << endl << endl << "取当前广义表 La 的表尾：" << endl;
Traverse_GL( Lc, visit );
DestroyGList( Lc );
cout << endl << endl;

cout << "请输入非空广义表 Ld【书写形式：空表:(),单原子:a,其它:(a,(b),b))】" << endl;
gets(st);
StrAssign( s, st);
CreateGList( Ld, s);
cout << "广义表 Ld 的长度   = " << GListLength( Ld ) << endl;
cout << "广义表 Ld 的深度 = " << GListDepth( Ld ) << endl << endl;
cout << "通过广义表的存储遍历广义表 Ld：" << endl;
```

```
    Traverse_GL( Ld, visit );

    InsertFirst_GL( La, Ld );
    cout << endl << endl << "插入 Ld 为当前 La 表的表头，插入后的广义表 La 为："<<endl;
    Traverse_GL( La, visit );

    Lc = DeleteFirst_GL( La );
    cout << endl << endl << "删除当前 La 表的表头，删除后的广义表 La 为：" <<endl << endl;
    Traverse_GL( La, visit );
    DestroyGList (Lc );

    InsertTail_GL(La,Ld);
    cout << endl << endl << "插入 Ld 为当前 La 表的最后一项，插入后的广义表 La 为：" <<
endl;
    Traverse_GL( La, visit );

    cout << endl << endl;
    DestroyGList( La );
    DestroyGList( Lb );
    DestroyGList( Ld );
    system( "pause" );
    return 0;
}
```

3.2.4 调试分析

在广义表抽象数据类型中，最重要的操作是取表头、表尾操作。从算法的难度上来说，建表函数 CreateGList(包括 sever 函数)是一递归的算法，它对以字符串表示的广义表不断地用取表头、表尾的方式进行分割，学习算法时可重点关注。

不考虑 CopyGList 函数(复制子表)，取表头、表尾操作的时间复杂度均为 O(1)。

3.2.5 测试运行结果及用户手册

程序经 VC++ 及 Dev C++ 等编译器编译，运行环境为 Windows 操作系统，进入程序运行后即交互显示文本方式的用户界面，用户使用过程可参照提示进行。也可根据需要重新设计测试其它操作的程序流。

用户手册略。

执行文件为广义表基本操作的演示.exe，代入测试数据后程序运行结果如下：

```
......广义表基本操作的演示......

空广义表 La 的深度 =1
空广义表 La 的长度 =0

请输入非空广义表 La【书写形式:如(a,((b),c))】
((a,(b,c)),(),(((x,y,z))))

广义表 La 的深度 =3
广义表 La 的长度 =4

通过广义表的存储遍历广义表 La::
((a,(b,c)),(),(((x,y,z))))

复制广义表 Lb = La
广义表 La 的深度 =3
广义表 La 的长度 =4
遍历当前广义表 Lb:
((a,(b,c)),(),(((x,y,z))))

取当前广义表 La 的表头:
(a,(b,c))

取当前广义表 La 的表尾:
((),(((x,y,z))))
输入非空广义表 Ld【书写形式：空表:(),单原子:a,其它:(a,(b),b))】
((a,b),c)
广义表 Ld 的长度 =2
广义表 Ld 的深度 =2
通过广义表的存储遍历广义表 Ld:
((a, b), c)

插入 Ld 为当前 La 表的表头，插入后的广义表 La 为:
(((a, b), c), ((a, (b, c)), (), (((x, y, z))))

删除当前 La 表的表头，删除后的广义表 La 为:
((a, (b, c)), (), (((x, y, z))))
```

```
插入 Ld 为当前 La 表的最后一项，插入后的广义表 La 为：
((a, (b, c)), (), (((x, y, z))), ((a, b), c))

请按任意键继续 ...
```

3.2.6 附录

源程序文件名清单：

(1) HString.h(用三元组顺序表实现的稀疏矩阵抽象数据类型)。

(2) GList.h(广义表抽象数据类型的实现)。

(3) 广义表基本操作的演示.cpp(包括主函数及访问函数)。

3.2.1 3.2.2 3.2.3

练 习 题 3

1. 稀疏矩阵运算器

【问题描述】

稀疏矩阵是指多数元素是零元素的矩阵。利用稀疏的特点进行存储和计算可提高矩阵的存储和计算效率。试实现一个能进行稀疏矩阵基本操作的运算器。

【设计要求】

(1) 以三元组的十字链表存储结构表示稀疏矩阵。

(2) 实现矩阵相加、相减、相乘等运算。

2. 程序分析

【问题描述】

读入一个 C 程序，统计程序中的代码、注释及空行的行数；统计程序中的函数个数及每一函数的平均行数。

【设计要求】

(1) C 程序存放在数据文件中。

(2) 每一行作为一个字符串，注释行以“//”开始，空串为空行，判断函数的开始或判断语句的开始需对 C 语言的标示符进行串比较。判断函数的结束或判断语句的结束需利用栈进行括号的匹配。

第4章

树型结构

在树型结构中，数据元素之间是一对多的关系。树型结构是一种典型的分支结构，并且具有明显的层次特征。树型结构在客观世界中是广泛存在的，例如家族谱、组织机构、博弈过程等都可用树型结构形象地表示。树型结构在计算机领域中也有着广泛的应用。因此，树型结构是一类非常重要的非线性结构。

在各类树型结构的讨论中，又以二叉树为核心。其它树型结构的操作或能借助于二叉树得以实现。因此，本章将重点介绍有关二叉树的各种操作与应用。

设计题 4.1　二叉树的遍历和基本操作

讲解视频

4.1.1　需求分析

二叉树是 n(n≥0)个结点的有限集，当 n = 0 时，二叉树为空树；当 n > 0 时，二叉树由一个根结点及至多两棵互不相交的左右子树组成。

本例定义和实现二叉树抽象数据类型，特别对于二叉树的遍历(先序、中序及后序)、建立二叉树等重要操作给出多种算法的描述。借助于该实现，还可扩展二叉树更多的操作，并可在二叉树抽象数据类型基础上展开关于树型结构的应用。

4.1.2　概要设计

二叉树的抽象数据类型可定义如下：

ALGraph {
　　数据对象：
　　　　V＝{vi|vi∈D, i =1, 2, …, n, n≥0, D 是数据元素的类型 }
　　数据关系：
　　　　(1) 当 n = 0 时，为一空树。
　　　　(2) 当 n > 0 时，有唯一的根(root)结点，其余的结点至多划分成两个互不相交、称之为根结点的子树的子集，子集有左右之分。
　　基本操作：
　　　　InitBinaryTree(&T)
　　　　二叉链表初始化

```
    DestroyBinaryTree(&T)
    销毁二叉树
    CreateBinaryTree(&T)
    建立二叉树 T
    ClearBinaryTree(&T)
    置空二叉树
    BinaryTreeEmpty(T)
    判断二叉树是否为空树
    BinaryTreeDepth(T)
    求二叉树的深度
    Locate(T, e)
    查找二叉树 T 中元素值为 e 的结点
    Parent(T, p)
    返回结点 p 的双亲
    LeftChild(T, e)
    返回值为 e 的结点的左孩子结点
    RightChild(T, e)
    返回值为 e 的结点的右孩子结点
    LeftSibling(T, p)
    返回二叉树 T 中结点 p 的左兄弟结点指针
    RightSibling(T, p)
    返回二叉树 T 中结点 p 的右兄弟结点指针
    CopyBinaryTree(T)
    复制二叉树
    Countleaf(T,n)
    统计树叶结点个数 n
    PreorderTraverse(T, visit())
    先序递归遍历二叉树
    InorderTraverse(T, visit)() )
    中序递归遍历二叉树
    PostorderTraverse(T, visit)() )
    后序递归遍历二叉树
    LevelTraverse(T,visit())
    层次遍历二叉树
}
```

在关于二叉树的各种基本操作中，以遍历二叉树为核心，遍历的思想是实现其它操作的基础。

所谓遍历，是依据结构下的关系，对结构下的每个数据元素访问且仅访问一次。遍历之所以重要，是因为许多对于数据元素的操作只有依据结构下的关系进行才有意义。对于

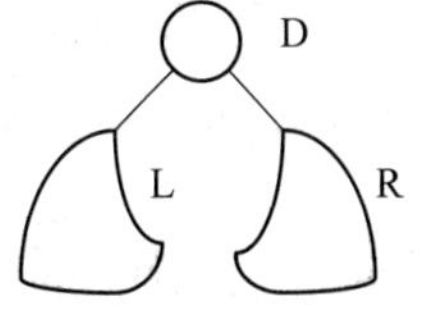

图 4.1　二叉树的形态

线性结构来说，遍历的实现只需从第一个结点出发，根据数据元素之间一对一的关系连续地访问结点即可，且遍历结果唯一。而对于非线性结构，根据数据元素之间的关系组织的访问次序可能有多种策略。从图 4.1 可以看到，二叉树由根结点(D)、左子树(L)及右子树(R)三部分组成，由这三部分可能得到的组合有 DLR、LDR、LRD、DRL、RDL、RLD 等。其中，DLR、LDR、LRD 对于子树是按照先左后右的次序进行组合的，它们也是最常用的遍历组合。在 DLR、LDR、LRD 方式下，注意到 D 在组合中的位置，并根据其命名这三种遍历方法分别为：先序(根)遍历、中序(根)遍历及后序(根)遍历。

先序遍历的算法可描述为：

若二叉树为空则空操作，否则

(1) 访问根结点(D);

(2) 先序遍历左子树(L);

(3) 先序遍历右子树(R)。

其它遍历算法可根据组合的次序相应描述。此外，层次遍历也是一种常见的操作。

4.1.3　详细设计

对于二叉树，常用的存储结构为二叉链表表示法，如图 4.2 所示。

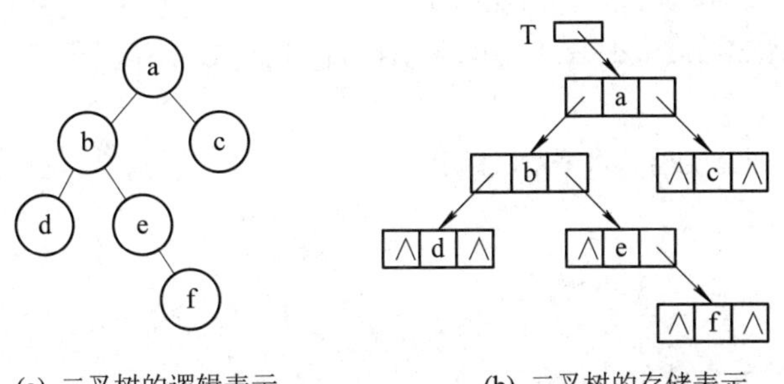

(a) 二叉树的逻辑表示　　(b) 二叉树的存储表示

图 4.2　二叉树的二叉链表表示

在二叉链表结构下，二叉树抽象数据类型的实现(二叉链表).h 文件如下：

```
#ifndef __BINARYTREE_H
#define __BINARYTREE_H


//二叉链表结点结构
struct BTNode {
      TElemType data;       //结点值
      BTNode *lchild;       //左孩子结点指针
      BTNode *rchild;       //右孩子结点指针
};
```

```
//二叉链表初始化
void InitBinaryTree( BTNode* &T )
{
    T = NULL;
}

//销毁二叉链表形式的二叉树 T
void DestroyBinaryTree( BTNode* &T )
{
    if ( T )
    {
        DestroyBinaryTree ( T->lchild );
        DestroyBinaryTree ( T->rchild );
        delete T;
    }
    T = NULL;
}

//按先序次序输入结点值的方式建立二叉树 T
void CreateBinaryTree1( BTNode* &T, TElemType ch[], TElemType &c, int &i )
{
    if ( ch[ i ] == c )//c 为特殊数据用以标示空指针
        T = NULL;
    else
    {
        T = new BTNode;
        T->data = ch[ i ];
        CreateBinaryTree1( T->lchild, ch, c, ++i );
        CreateBinaryTree1( T->rchild, ch, c, ++i );
    }
}

//已知二叉树的先序遍历次序及中序遍历次序，建立二叉树 T
//初始条件：二叉树中结点的数据不重复
void CreateBinaryTree2( BTNode* &T, TElemType ch1[],
                    TElemType ch2[], int low, int high, int &k )
{
    int i;
```

```
    if ( low > high )
        T = NULL;
    else
    {
        T = new BTNode;
        T->data = ch1[ k ];
        for ( i = low; i <= high && ch2[ i ] != ch1[ k ]; i++ );
        if ( ch2[ i ] == ch1[ k ] )
        {
            k++;
            CreateBinaryTree2( T->lchild, ch1, ch2, low, i - 1, k );
            CreateBinaryTree2( T->rchild, ch1, ch2,i + 1, high, k );
        }
    }
}

//置空二叉树
void ClearBinaryTree( BTNode* &T )
{
    DestroyBinaryTree( T );
}

//二叉树判空
bool BinaryTreeEmpty( BTNode* &T )
{
    return T == NULL;
}

//求二叉树的深度
int BinaryTreeDepth( BTNode* &T )
{
    if ( ! T )
        return 0;
    int h1, h2;
    h1 = BinaryTreeDepth ( T->lchild );
    h2 = BinaryTreeDepth ( T->rchild );
    return h1 > h2 ? h1 + 1 : h2 + 1;
}
```

```
//返回二叉树 T 中元素值为 e 的结点的指针
BTNode* Locate( BTNode* &T, TElemType &e )
{
    if ( ! T || T->data == e )
        return T;
    BTNode *q;
    q = Locate( T->lchild, e );
    if ( q )
        return q;
    q = Locate( T->rchild, e );
    return q;
}

//返回结点 p 的双亲结点
BTNode* Parent( BTNode* &T, BTNode* &p )
{
    if ( T == NULL || T == p )
        return NULL;

    if ( T->lchild == p || T->rchild == p )
        return T;

    BTNode *q;
    q = Parent( T->lchild, p );
    if ( q )
        return q;
    q = Parent( T->rchild, p );
    return q;
}

//返回值为 e 的结点的左孩子结点指针
BTNode* LeftChild( BTNode* &T, TElemType &e )
{
    BTNode* p = Locate( T, e );
    if( p )
        return p->lchild;
    return NULL;
```

```
}

//返回值为 e 的结点的右孩子结点指针
BTNode* RightChild( BTNode* &T, TElemType &e )
{
    BTNode* p = Locate( T, e );
    if ( p )
        return p->rchild;
    return NULL;
}

//返回二叉树 T 中结点 p 的左兄弟结点指针
BTNode* LeftSibling ( BTNode* &T, BTNode* &p )
{
    BTNode* father;
    father = Parent( T, p );
    if ( father && father->rchild == p )
        return father->lchild;
    return NULL;
}

//返回二叉树 T 中结点 P 的右兄弟结点指针
BTNode* RightSibling( BTNode* &T, BTNode* &p )
{
    BTNode *father;
    father = Parent( T, p );
    if ( father && father->lchild == p )
        return father->rchild;
    return NULL;
}

//复制一棵二叉树
BTNode* CopyBinaryTree( BTNode* &T )
{
    if (T == NULL)
        return NULL;
    BTNode *p;
    p = new BTNode;
```

```
    p->data = T->data;
    p->lchild = CopyBinaryTree( T->lchild );
    p->rchild = CopyBinaryTree( T->rchild );
    return p;
}

//统计树叶结点个数
void Countleaf( BTNode* &T,int &n )
{
    if ( T )
    {
        Countleaf( T->lchild, n );
        Countleaf( T->rchild, n );
        if ( ! T->lchild && ! T->rchild )
            n++;
    }
}

//先序递归遍历二叉树
void PreorderTraverse( BTNode* &T, void( *visit )( TElemType &e ) )
{
    if ( T )
    {
        visit( T->data );
        PreorderTraverse( T->lchild, visit );
        PreorderTraverse( T->rchild, visit );
    }
}
//中序递归遍历二叉树
void InorderTraverse( BTNode* &T, void( *visit )( TElemType &e ) )
{
    if ( T )
    {
        InorderTraverse( T->lchild, visit );
        visit(T->data);
        InorderTraverse( T->rchild, visit );
    }
}
```

```
//后序递归遍历二叉树
void PostorderTraverse( BTNode* &T, void( *visit )( TElemType &e ) )
{
    if ( T )
    {
        PostorderTraverse( T->lchild, visit );
        PostorderTraverse( T->rchild, visit );
        visit( T->data );
    }
}

typedef BTNode* SElemType;
#include "SqStack.h"

//先序遍历二叉树的非递归算法(利用栈)
void PreorderTraverseNonRecursive( BTNode* &T, void( *visit )( TElemType &e ) )
{
    SqStack S;
    InitSqStack( S, 20 );
    BTNode *p;
    PushSqStack( S, T );                //根指针进栈
    while ( ! SqStackEmpty( S ) )
    {
        GetTop( S, p );
        while ( p )
        {
            visit( p->data );
            p = p->lchild;
            PushSqStack( S, p );        //向左走到尽头
        }
        PopSqStack( S, p );             //空指针退栈
        if ( ! SqStackEmpty( S ) )      //访问结点，向右一步
        {
            PopSqStack( S, p );
            PushSqStack( S, p->rchild ); //向左走到尽头
        }
    }
}
```

```
//中序遍历二叉树的非递归算法(利用栈)
void InorderTraverseNonRecursive( BTNode* &T, void( *visit )( TElemType &e ) )
{
    SqStack S;
    InitSqStack( S, 20 );
    BTNode *p;
    PushSqStack( S, T );
    while ( ! SqStackEmpty( S ) )
    {
        GetTop( S, p );
        while ( p )
        {
            p = p->lchild;
            PushSqStack( S, p );        //向左走到尽头
        }
        PopSqStack( S, p );             //空指针退栈
        if ( ! SqStackEmpty( S ) )      //访问结点,向右一步
        {
            PopSqStack( S, p );
            visit( p->data );
            PushSqStack( S, p->rchild );
        }
    }
}

//后序遍历二叉树的非递归算法(利用栈)
void PostorderTraverseNonRecursive( BTNode* &T, void( *visit)( TElemType &e ) )
{
    SqStack S;
    InitSqStack( S, 20 );
    BTNode *p, *q = NULL;
    PushSqStack( S, T );

    while ( ! SqStackEmpty( S ) )
    {
        GetTop( S, p );
        while ( p )
```

```
        {
            p = p->lchild;
            PushSqStack( S, p );        //向左走到尽头
        }
        PopSqStack( S, p );             //空指针退栈
        if ( ! SqStackEmpty( S ) )
        {
            GetTop( S, p );
            if ( p->rchild )
                PushSqStack(S, p->rchild );
            else
            {
                visit( p->data );
                PopSqStack( S, p );
                if ( ! SqStackEmpty( S ) )
                    GetTop( S, q );
                while ( q && q->rchild == p )
                {
                    visit( q->data );
                    p = q;
                    PopSqStack( S, q );
                    q = NULL;
                    if ( ! SqStackEmpty( S ) )
                        GetTop( S, q );
                }
                PushSqStack( S, NULL );
            }
        }
    }
}

typedef BTNode* QElemType;
#include "LinkQueue.h"

//层次遍历二叉树的非递归算法(利用队列)
void LevelTraverse( BTNode* &T, void( *visit )( TElemType &e ) )
{
    LinkQueue Q;
```

```
    InitQueue( Q );
    if ( T )
        EnQueue( Q, T );
    while ( ! QueueEmpty( Q ) )
    {
        BTNode* p;
        DeQueue( Q, p );
        visit( p->data );
        if ( p->lchild )
            EnQueue( Q, p->lchild );
        if ( p->rchild )
            EnQueue( Q, p->rchild );
    }
}

#endif
```

在二叉树抽象数据类型的实现文件"二叉链表.h"中，部分操作给出了多种策略，如建立二叉树存储的 CreateBinaryTree1(按先序遍历次序输入结点值的方式建立二叉树 T)及 CreateBinaryTree2(已知二叉树的先序遍历次序及中序遍历次序，建立二叉树 T)，递归及非递归形式的先序、中序、后序遍历二叉树的算法。

完整的程序还包括了遍历中的访问函数实参 Print 函数及主函数等。

二叉树基本操作的演示.cpp 文件如下：

```
#include <iostream>
using namespace std;

typedef char TElemType;
#include "二叉树抽象数据类型的实现(二叉链表).h"

//访问函数实参
void Print ( char &c )
{
    cout << c << "    ";
}

int main()
{
    cout << "---二叉树部分基本操作的演示示例---" << endl << endl;
    cout << "<数据结构是二叉链表>" << endl;
```

```
BTNode *T, *T1, *T2;
InitBinaryTree( T );
InitBinaryTree( T1 );
InitBinaryTree( T2 );
int i = 0;
char c='#', e, ch1[ 256 ];
cout << "请按先序方式输入所需建树的数据(此处空指针用#表示，数据用以建立对象):"
    << endl;
cin >> ch1;
CreateBinaryTree1( T1, ch1, c, i);
cout << endl;

cout << "当前二叉树的深度是:";
cout << BinaryTreeDepth( T1 ) << endl;

cout << "对当前二叉树先序递归遍历的结果是:" << endl;
PreorderTraverse ( T1, Print );
cout << endl;

cout << "对当前二叉树中序递归遍历的结果是:" << endl;
InorderTraverse( T1, Print );
cout << endl;

cout << "对当前二叉树后序递归遍历的结果是:" << endl;
PostorderTraverse( T1, Print );
cout << endl;
cout << "对当前二叉树按层遍历的结果是:" << endl;
LevelTraverse( T1, Print );
cout << endl;

int n = 0;
Countleaf( T1, n );
cout << "该树型的树叶结点个数是:" << n << endl;

char   pch[ 256 ], ich[ 256 ];
cout << endl <<   "-----由二叉树的先序遍历次序及中序遍历次序建立二叉树-----"
    << endl;
cout << "请在 pch 中输入二叉树的先序次序" << endl;
cin >> pch;
```

```
cout << "请在 ich 中输入二叉树的中序次序" << endl;
cin >> ich;
int k = 0;
i = 0;
while ( pch[ i ] )
    i++;
CreateBinaryTree2( T2, pch, ich, 0, --i, k);

cout << "当前二叉树的深度是:";
cout << BinaryTreeDepth(T2) << endl;

cout << "对当前二叉树先序非递归遍历的结果是:" << endl;
PreorderTraverseNonRecursive( T2, Print );
cout << endl;

cout << "对当前二叉树中序非递归遍历的结果是:" << endl;
InorderTraverseNonRecursive( T2, Print );
cout << endl;

cout << "对当前二叉树后序非递归遍历的结果是:" << endl;
PostorderTraverseNonRecursive( T2, Print );
cout << endl;

cout << "对当前二叉树按层遍历的结果是:" << endl;
LevelTraverse( T2,Print );
cout << endl;

n = 0;
Countleaf( T2, n );
cout << "该树型的树叶结点个数是:" << n << endl;

cout << endl << "-----由二叉树 T1 拷贝而来的二叉树 T-----" << endl;

T = CopyBinaryTree( T1 );
cout << "对当前二叉树按层遍历的结果是:" << endl;
LevelTraverse( T, Print );

cout << endl << endl;
system("pause");
```

```
    return 0;
}
```

4.1.4 调试分析

在用二叉链表实现的二叉树抽象数据类型中，大多数基本操作的实现借助了遍历的思想，遍历的重要性可见一斑。

由二叉树的先序遍历次序及中序遍历次序建立二叉树的 CreateBinaryTree2 算法有一定的局限性，要求二叉树表中的数据元素不可重复出现。

设二叉树中的结点个数为 n，容易证明，无论是递归还是非递归的过程，对二叉树进行遍历的算法时间复杂度均为 O(n)；无论是递归还是非递归的过程，对二叉树进行遍历的算法因借助了数据结构栈或队列实现，其空间复杂度也均为 O(n)。

4.1.5 测试运行结果及用户手册

程序经 VC++ 及 Dev C++ 等编译器编译，运行环境为 Windows 操作系统，进入程序运行后即交互显示文本方式的用户界面，用户使用过程可参照提示进行。

用户手册略。

执行二叉树基本操作的演示.exe 文件，代入测试数据后程序运行结果如下：

```
---二叉树部分基本操作的演示示例---
<数据结构是二叉链表>

请按先序方式输入所需建树(T1)的数据(此处空指针用#表示):
-+a##*b##-c##d##/e##f##

当前二叉树 T1 的深度是：5
对当前二叉树 T1 先序递归遍历的结果是：
- + a * b - c d / e f
对当前二叉树 T1 中序递归遍历的结果是：
a + b * c - d - e / f
对当前二叉树 T1 后序递归遍历的结果是：
a b c d - * + e f / -
对当前二叉树 T1 按层遍历的结果是：
- + / a * e f b - c d
该树型的树叶结点个数是：6

-----由二叉树的先序遍历次序及中序遍历次序建立二叉树(T2)-----
请在 pch 中输入二叉树 T2 的先序次序
abdefc
请在 ich 中输入二叉树 T2 的中序次序
dbefac
```

```
当前二叉树 T2 的深度是：4
对当前二叉树 T2 先序非递归遍历的结果是：
a b d e f c
对当前二叉树 T2 中序非递归遍历的结果是：
d b e f a c
对当前二叉树 T2 后序非递归遍历的结果是：
d f e b c a
对当前二叉树 T2 按层遍历的结果是：
a b c d e f
该树型的树叶结点个数是：3

-----由二叉树 T1 拷贝而来的二叉树 T----
对当前二叉树 T 按层遍历的结果是：
- + / a * e f b - c d


请按任意键继续. . .
```

4.1.6 附录

源程序文件名清单：

(1) SqStack.h(栈类型，二叉树先序、中序、后序非递归遍历时使用)。

(2) LinkQueue.h(队列类型，二叉树层次遍历时使用)。

(3) 二叉树抽象数据类型的实现(二叉链表).h。

(4) 二叉树基本操作的演示.cpp。

4.1.1

4.1.2

4.1.3

4.1.4

设计题 4.2 算术表达式求值

讲解视频

4.2.1 需求分析

在计算机中，表达式可以有三种不同的标识方法，设 Exp = S1 + OP + S2，其中，OP 为运算符，S1、S2 为操作数，则 OP + S1 + S2 为表达式的前缀表示法；S1 + OP + S2 为表达式的中缀表示法；S1 + S2 + OP 为表达式的后缀表示法。用二叉树表示的算术表达式如图 4.3 所示。

若表达式用一棵二叉树表示，则二叉树的先序遍历次序恰好为表达式的前缀表示(波兰式)，二叉树的中序遍历次序恰好为表达式的中缀表示，二叉树的后序遍历次序恰好为表达式的后缀表示(逆波兰式)。

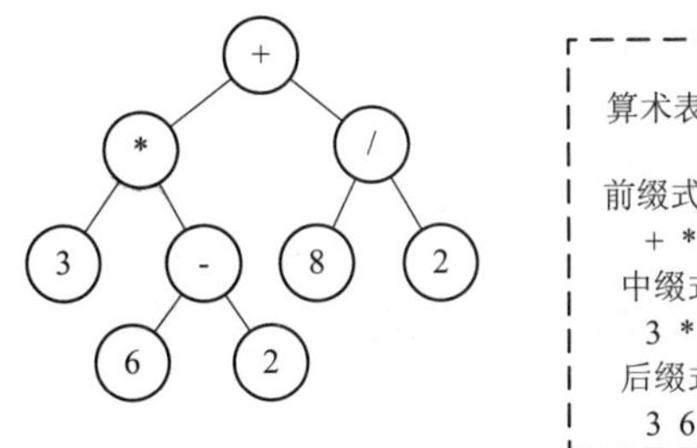

算术表达式 3 * (6 − 2) + 8 / 2

前缀式 (先序遍历次序)：
+ * 3 − 6 2 / 8 2
中缀式 (中序遍历次序)：
3 * 6 − 2 + 8 / 2
后缀式 (后序遍历次序)：
3 6 2 − * 8 2 / +

图 4.3　用二叉树表示的算术表达式

由表达式的三种不同的标识方法，可得到以下结论：

(1) 操作数之间的相对次序不变。

(2) 运算符的相对次序不同。

(3) 中缀式丢失了括弧信息，致使运算的次序不确定。

(4) 前缀式的运算规则为：连续出现的两个操作数和在它们之前且紧靠它们的运算符构成一最小表达式。

(5) 后缀式的运算规则为：运算符在式中出现的顺序恰为表达式的运算顺序，每个运算符和在它之前出现且紧靠它的两个操作数构成一个最小表达式。

由此可见，前缀式、后缀式的运算方式可以有效地对算术表达式求值。本例在正确地输入算术表达式(字符串形式)后，根据运算符的优先级以前缀式运算规则建立二叉表达式树，以后缀式运算规则求值，并以带括号的中缀式输出算术表达式。

4.2.2　概要设计

二叉表达式树的抽象数据类型可定义如下：

ALGraph {
　　数据对象：
　　　　V＝{vi|vi∈D, i =1, 2, …, n, n≥0, D 是数据元素的类型}
　　数据关系：
　　　　(1) 当 n = 0 时，为一空树。
　　　　(2) 当 n > 0 时，有唯一的根(root)结点，其余的结点至多划分成两个互不相交、称之为根结点的子树的子集，子集有左右之分。
　　基本操作：
　　　　二叉链表形式的表达式树初始化
　　　　InitBinaryTree(T)
　　　　销毁表达式树
　　　　DestroyBinaryTree(T)
　　　　判断字符 c 是否为运算符
　　　　JudgeSimbol(c)
　　　　判断两运算符 t1, t2 的优先关系

```
        Precede(t1, t2)
        根据字符串 ch 建立表达式二叉树
        CreateBinaryExpTree(T, ch[] )
        a 与 b 进行算术运算
        Opreate( a, theta, b )
        后缀式运算规则对用二叉表达式树表示的表达式求值
        Evaluate( T )
        先序遍历方式输出前缀表达式
        PreorderTraverse(T)
        中序遍历方式输出中缀表达式
        InorderTraverse(T )
        后序遍历方式输出后缀表达式
        PostorderTraverse(T )
        输出带括号的算术表达式
        DisplayExp(T )
}
```

4.2.3 详细设计

算术表达式树类型的实现文件“二叉链表 .h”如下：

```
#ifndef H_BinaryExpTree_H
#define H_BinaryExpTree_H

#define stacksize 50

//二叉链表结点结构
struct BTNode {
    TElemType data;       //结点值
    BTNode *lchild;       //左孩子结点指针
    BTNode *rchild;       //右孩子结点指针
};

//二叉链表形式的表达式树初始化
void InitBinaryTree( BTNode* &T )
{
    T = NULL;
}
//销毁二叉链表形式的表达式树 T
void DestroyBinaryTree( BTNode* &T )
{
```

```
    if ( T )
    {
        DestroyBinaryTree ( T->lchild );
        DestroyBinaryTree ( T->rchild );
        delete T;
    }
    T = NULL;
}

//判断 c 是否为运算符
bool JudgeSimbol(char &c)
{
    switch ( c )
    {
        case'+':
        case'-':
        case'*':
        case'/':
        case'(':
        case')':
        case'=':return true;
        default:return false;
    }
}

//判断两运算符 t1，t2 的优先关系
char Precede( char &t1, char &t2 )
{
    char f;
    switch ( t2 )
    {
        case '+':
        case '-':
            if( t1 == '(' )
                f = '<';
            else
                f = '>';
            break;
        case '*':
```

```
            case '/':
                  if ( t1 == '*' || t1 == '/' || t1 == ')' )
                        f = '>';
                  else
                        f = '<';
                  break;
            case '(':
                  f = '<';
                  break;
            case ')':
                  if ( t1 == '(' )
                        f = '=';
                  else
                        f = '>';
                  break;
            case '=':
                  f = '>';
      }
      return f;
}

typedef BTNode* SElemType;
#include "SqStack.h"

//利用操作数 OPND 工作栈及运算符工作栈 OPTR 建立二叉表达式树
bool CreateBinaryExpTree( BTNode* &T, char ch[] )
{
      SqStack OPND, OPTR;
      InitSqStack( OPND, stacksize );
      InitSqStack( OPTR, stacksize );
      BTNode *p, *q, *s;
      int i = 0, m;
      char theta;

      while ( ! SqStackEmpty( OPTR ) || ch[ i ] != '=' )
      {     //结束条件是 OPTR 栈为空且当前运算符是'='符
            if ( ch[ i ] >= '0' && ch[i] <= '9' ) //字符在 0--9 之间将其转化为整形数据
            {
                  m = 0;
```

```
        while ( ch[i] >= '0' && ch[i] <= '9' ) //多位数处理
        {
            m = 10 * m + ( ch[ i ] - 48 );
            i++;
        }
        p = new BTNode;
        p->data = m;
        p->lchild = p->rchild = NULL;
        PushSqStack( OPND, p );
    }
    else if ( JudgeSimbol( ch[ i ] ) )//处理运算符
    {
        if ( ( ch[ i ] == '-' ||   ch[ i ] == '+' ) && ( i == 0 || ch[ i - 1 ] == '(' ) )
        {   //处理单目运算符
            p = new BTNode;
            p->data = 0;
            p->lchild = p->rchild = NULL;
            PushSqStack( OPND, p );
        }
        if ( SqStackEmpty( OPTR ) )    //当前运算符在工作栈 OPTR 为空时建子树入栈
        {
            q = new BTNode;
            q->data = ch[ i ];
            q->lchild = q->rchild = NULL;
            PushSqStack( OPTR, q );
            i++;
        }
        else if ( GetTop( OPTR, p ) )
        {
            theta = p->data;
            switch ( Precede( theta, ch[ i ] ) )
            {
                case'<': //栈顶元素优先权低，当前运算符子树进栈
                    q = new BTNode;
                    q->data = ch[i];
                    q->lchild = q->rchild = NULL;
                    PushSqStack( OPTR, q );
                    i++;
```

```
                        break;
                    case'=':        //脱括号
                        PopSqStack( OPTR, s );
                        delete s;
                        i++;
                        break;
                    case'>':        //退栈得到两棵子表达式树
                                    //结合运算符结点，重组表达式树入栈
                        PopSqStack( OPTR, s );
                        if ( SqStackEmpty( OPND ) )
                            return false;
                        PopSqStack( OPND, p );
                        if ( SqStackEmpty( OPND ) )
                            return false;
                        PopSqStack( OPND, q );
                        s->lchild = q;
                        s->rchild = p;
                        PushSqStack( OPND, s );
                }
            }
        }
        else
            return false;
    }
    if( PopSqStack( OPND, T ))
        return true;
    else
        return false;
}

//字符 theta 决定 a 与 b 执行何种运算
int Operate( int a, char theta, int b )
{
    int c;
    switch( theta )
    {
        case'+':
            c = a + b;
            break;
```

```
        case'-':
            c = a - b;
            break;
        case'*':
            c = a * b;
            break;
        case'/':
            c = a / b;
    }
    return c;
}

//用后序遍历的方式对用二叉表达式树表示的表达式求值
int Evaluate( BTNode* &T )
{
    if ( T )
    {
        if ( ! T->lchild && ! T->rchild )
            return T->data;
        return Operate( Evaluate( T->lchild ), T->data, Evaluate( T->rchild ) );
    }
    return 0;
}

//先序递归遍历的方式输出表达式树的前缀式
void PreorderTraverse( BTNode* &T, void( *visit )(BTNode* &T, TElemType &e ) )
{
    if ( T )
    {
        if ( T->data )
            visit(T, T->data );
        PreorderTraverse( T->lchild, visit );
        PreorderTraverse( T->rchild, visit );
    }
}

//中序递归遍历的方式输出表达式树的中缀式
void InorderTraverse( BTNode* &T, void( *visit )(BTNode* &T, TElemType &e ) )
{
```

```
    if ( T )
    {
        InorderTraverse( T->lchild, visit );
        if ( T->data )
            visit(T, T->data );
        InorderTraverse( T->rchild, visit );
    }
}

//后序递归遍历的方式输出表达式树的后缀式
void PostorderTraverse( BTNode* &T, void( *visit )(BTNode* &T, TElemType &e ) )
{
    if ( T )
    {
        PostorderTraverse( T->lchild, visit );
        PostorderTraverse( T->rchild, visit );
        if ( T->data )
            visit(T, T->data );
    }
}

//根据表达式树输出带括号的算术表达式
void DisplayExp( BTNode* &T, void( *visit )(BTNode* &T, TElemType &e ) )
{
    char a, b;
    if ( T )
    {
        if ( T->lchild && T->lchild->lchild
                && ( Precede( a = T->lchild->data, b = T->data ) == '<' ) )
        { //根结点及它的左孩子结点都不是树叶
          //若左孩子结点的运算符优先级低则加括号
            cout << "( ";
            DisplayExp( T->lchild, visit );
            cout << ") ";
        }
        else
            DisplayExp( T->lchild, visit );
        if ( T->data )
            visit(T, T->data);
```

```
            if ( T->rchild && T->rchild->lchild
                        && ( Precede( a = T->rchild->data, b = T->rchild->data ) == '<' ) )
            {//根结点及它的右孩子结点都不是树叶，若右孩子结点的运算符优先级低则加括号
                cout << "( ";
                DisplayExp( T->rchild, visit );
                cout << ") ";
            }
            else
                DisplayExp( T->rchild, visit );
        }
}

#endif
```

在建立二叉表达式树的 CreateBinaryExpTree 函数中，使用了两个工作栈 OPTR 及 OPND，栈中存放的数据元素类型为二叉链表结点指针。基于算术表达式树类型的实现(二叉链表).h 文件，完整的程序还包括了主函数等。其中，通过 typedef int TElemType 声明，二叉表达式树中结点的数据类型为整型。

表达式求值.cpp 文件如下：

```
#include <iostream>
using namespace std;
typedef int TElemType;
#include "表达式树类型.h"

//访问函数实参
void Print( BTNode* &T, TElemType &e )
{    if( ! T->lchild && ! T->lchild )
            cout << e << " ";
     else
     {      char c = e;
            cout << c << " ";
     }
}

int main()
{    BTNode* BT;
     char yes;
     char ch[ 256 ];
     cout << "---此程序以二叉链表为数据结构，实现算术表达式求值---" << endl <<endl;
     cout << "算术表达式中运算符为 +、-、*、/、(、)，操作数为整型数据。" << endl << endl;
```

```
    do
    {
        InitBinaryTree( BT );
        cout << "请正确输入算术表达式并以'='结束。" << endl;
        cin >> ch;//ch 为以等号结束的表达式串
        cout<<endl;

        if ( CreateBinaryExpTree( BT, ch ) )
        {
            cout << "表达式的前缀表示为：" << endl;
            PreorderTraverse( BT, Print );
            cout << endl;

            cout << "表达式的中缀表示为：" << endl;
            InorderTraverse( BT, Print );
            cout << endl;

            cout << "表达式的后缀表示为：" << endl;
            PostorderTraverse( BT, Print );
            cout << endl <<endl;

            cout << "表达式及表达式求值的结果为：" << endl;
            DisplayExp( BT, Print );
            cout << "= " << Evaluate( BT ) << endl;
        }

        else
            cout << "表达式输入有误！" << endl;

        cout << endl << "是否继续？(输入 y 继续，其它结束。)";
        cin >> yes;
        cout << endl;
        DestroyBinaryTree( BT );
    } while ( yes == 'y' );

    system( "pause" );
    return 0;
}
```

4.2.4 调试分析

算术表达式树类型的实现文件“二叉链表.h”，定义了二叉表达式树的存储结构，并基于二叉链表存储结构实现了关于算术表达式求值的各个基本操作(也可复用上一案例的二叉树抽象数据类型的实现文件“二叉链表.h”，再针对表达式类型描述相关操作)。

算法的时间复杂度取决于表达式串的长度，设表达式串的长度为 n，则算法的时间复杂度为 O(n)。

4.2.5 测试运行结果及用户手册

本程序经 VC++ 及 Dev C++ 等编译器编译，运行环境为 Windows 操作系统，进入程序运行后即交互显示文本方式的用户界面，用户使用过程可参照提示进行。

用户手册略。

执行表达式求值.exe 文件，代入算术表达式后程序运行的结果如下：

```
---此程序以二叉链表为数据结构，实现算术表达式求值---
算术表达式中运算符为 +、-、*、/、(、)，操作数为整型数据。
请正确输入算术表达式并以 = 结束。
3*(6-2)+8/2=

表达式的前缀表示为：
+ * 3 - 6 2 / 8 2
表达式的中缀表示为：
3 * 6 - 2 + 8 / 2
表达式的后缀表示为：
+ * 3 - 6 2 / 8 2

表达式及表达式求值的结果为：
3 * ( 6 - 2 ) + 8 / 2 = 16
是否继续？( 输入 y 继续，其它结束。)y

请正确输入算术表达式并以 = 结束。
(-30+20)*5-((88+12)*20-100)/10=

表达式的前缀表示为：
- * + - 30 20 5 / - * + 88 12 20 100 10
表达式的中缀表示为：
- 30 + 20 * 5 - 88 + 12 * 20 - 100 / 10
表达式的后缀表示为：
- * + - 30 20 5 / - * + 88 12 20 100 10
```

```
表达式及表达式求值的结果为：
( - 30 + 20 ) * 5 - ( ( 88 + 12 ) * 20 - 100 ) / 10 = -240

是否继续？( 输入 y 继续，其它结束。)n

请按任意键继续. . .
```

4.2.6 附录

源程序文件名清单：

(1) 算术表达式求值.cpp。

(2) 算术表达式树类型的实现(二叉链表).h。

(3) SqStack.h(顺序栈)。

4.2.1 4.2.2 4.2.3

设计题 4.3 哈夫曼树及哈夫曼编码

讲解视频

4.3.1 需求分析

哈夫曼树又称最优二叉树，是带权路径长度最短的二叉树。哈夫曼树的主要应用是为了在通信中找到一种有效的二进制编码方式：设在电文中仅出现 n 个字符，以每个字符在电文中出现的频率作为权值构造哈夫曼树，并由哈夫曼树获得每一字符的二进制编码即为哈夫曼编码。哈夫曼编码方式下可使得二进制电文长度最短。

本例实现以下功能，完成哈夫曼编/译码系统：

(1) 根据给定的 n 个字符，建立哈夫曼树；根据哈夫曼树，获得每一字符的二进制编码。

(2) 编码：使用每一字符的二进制编码，对由字符串构成的正文进行二进制编码，并将结果存入数据文件 f1 中。

(3) 译码：利用已建好的哈夫曼树，对数据文件 f2 中的二进制电文进行译码，并输出由字符串构成的电文。

4.3.2 概要设计

构造最优二叉树的哈夫曼算法如下：

(1) 根据给定的 n 个权值$\{W_1, W_2, \cdots, W_n\}$，构成 n 棵二叉树的集合 $F=\{T_1, T_2, \cdots, T_n\}$，其中每棵二叉树中只有一个带有权值的根结点，其左右子树均为空树。

(2) 在 F 中选取两棵根结点权值最小的树，并以它们作为左右子树构造一棵新的二叉树，且置新的二叉树根结点权值为其左、右子树根结点的权值之和。

(3) 在 F 中删除这两棵树，同时将新得到的二叉树加入 F 中。重复步骤(1)、(2)，直到 F 中只含一棵树为止。这棵树便是所求的哈夫曼树。

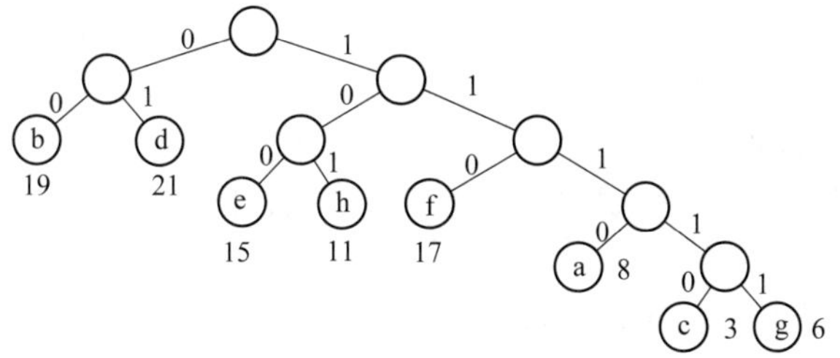

图 4.4　哈夫曼树

若约定对哈夫曼树的左分支用编码 0 表示，右分支用编码 1 表示，则字符的编码由根到树叶路径上分支的编码组成。如给定 8 个字符及权值{a(8), b(19), c(3), d(21), e(15), f(17), g(6), h(11)}，则构造的哈夫曼树如图 4.4 所示。8 个字符的编码分别为：1110、00、11110、01、100、110、11111、101。

在获得每一字符的编码后，可对由字符串构成的正文进行二进制编码。利用已建好的哈夫曼树，可从根结点出发，以搜索的方式对二进制电文进行译码。

以下为哈夫曼树及哈夫曼编码抽象数据类型的定义：

```
ALGraph {
    数据对象：
        V＝{vi|vi∈D, i =1, 2, ..., n, n≥ 0, D 是数据元素的类型}
    数据关系：
        (1) 当 n＝0 时，为一空树。
        (2) 当 n＞0 时，有唯一的根(root)结点，其余的结点至多划分成两个互不相交、
          称之为根结点的子树的子集，子集有左右之分。
    基本操作：
        InitHuffmanTree(HT, n)
        哈夫曼树初始化
        DestroyHuffmanTree(HT)
        哈夫曼树的销毁
        MinVal(HT, i)
        在前 i 个节点中挑选一个无双亲且权值最小的结点，获得其序号
        Select(HT, s1, s2 )
        选择两个无双亲且权值最小的结点 s1、s2，且 s1 的序号小于 s2 的序号
        Create(HT, n, ch[], weight[] )
        根据 n 个字符及权值，建立哈夫曼树
        Display(HT )
        显示哈夫曼树
        InitHuffmanCoder(HC, n )
        初始化编码表
```

```
    DestroyHuffmanCoder(HC )
    销毁编码表
    CreateBook(HC, HT )
    根据哈夫曼树 HT 建立哈夫曼编码表 HC
    Coder(HC, ch[] )
    对用字符串组成的电文用哈夫曼编码表进行编码
    Decoder(HT )
    对用 0，1 串组成的电文用哈夫曼树表进行译码
}
```

4.3.3 详细设计

在哈夫曼树的操作过程中，既包括了为求树叶结点编码对哈夫曼树自下而上的搜索过程，也包括了译码对哈夫曼树自上而下的搜索过程。因此，哈夫曼树的结点结构设定为除数据部分成员(ch、weight)外，包括三个指针部分成员(lchild、rchild、parent)的三叉链表。

对于动态树表，由于根结点唯一，确定根结点指针，执行自上而下的操作是容易的，但要获得 n 个树叶结点的位置，执行自下而上的操作却相对困难。而静态树表通过下标获得 n 个树叶结点的位置相对方便。此外，哈夫曼树为一棵正则二叉树(树中只有度为 0 和度为 2 的结点)。由二叉树的性质可知，具有 n 个树叶结点的哈夫曼树总的结点个数为 2∗n−1，因此，如图 4.5 所示，哈夫曼树的存储结构选择为存储空间大小为 2∗n−1 的静态三叉树表。

HT

	ch	weight	lchild	rchild	parent
0	a	8	−1	−1	−1
1	b	19	−1	−1	−1
2	c	3	−1	−1	−1
3	d	21	−1	−1	−1
4	e	15	−1	−1	−1
5	f	17	−1	−1	−1
6	g	6	−1	−1	−1
7	h	11	−1	−1	−1
8					
9					
10					
11					
12					
13					
14					

(a) 构造 n 棵二叉树的集合

HT

	ch	weight	lchild	rchild	parent
0	a	8	−1	−1	9
1	b	19	−1	−1	12
2	c	3	−1	−1	8
3	d	21	−1	−1	12
4	e	15	−1	−1	10
5	f	17	−1	−1	11
6	g	6	−1	−1	8
7	h	11	−1	−1	10
8		9	2	6	9
9		17	0	8	11
10		26	4	7	13
11		34	5	9	13
12		40	1	3	14
13		60	10	11	14
14		100	12	13	−1

(b) 根据 n 个树叶的权值构造哈夫曼树

图 4.5 用静态树表表示的哈夫曼树

哈夫曼树及哈夫曼编码抽象数据类型的实现 .h 文件如下：

```
#ifndef _HuffmanTree_
#define _HuffmanTree_
#include <fstream>

using namespace std;
#define max 10000

//哈夫曼树结点结构
struct HTnode {
    char ch;
    int weight, parent, lchild, rchild;
};

//哈夫曼树结构
struct HuffmanTree {
    HTnode* ht;                    //静态树表基地址指针
    int htsize;                    //树结点个数
};

 //哈夫曼树初始化
void InitHuffmanTree( HuffmanTree &HT, int n )
{
    HT.ht = new HTnode[ 2 * n - 1 ];
    HT.htsize = 2 * n - 1;         //根据字符表和相应权值，创建哈夫曼树
}

//销毁哈夫曼树
void DestroyHuffmanTree( HuffmanTree &HT )
{
    delete[] HT.ht;
    HT.htsize = 0;
}

//在前 i 个节点中选择 parent 为-1 且 weight 最小的结点，获得其序号
int MinVal(HuffmanTree &HT, int i)
{
    int j, k, min = max;           //取 k 为不小于可能的值
    for ( j = 0; j < i; j++ )
```

```
            if ( HT.ht[ j ].parent == - 1 && HT.ht[ j ].weight < min )
            {
                min = HT.ht[ j ].weight;
                k = j;
            }
        HT.ht[ k ].parent = max;    //置双亲非空
        return k;
}

//s1 为最小的两个值中序号小的那个
void Select( HuffmanTree &HT, int i, int &s1, int &s2 )
{
        int s;
        s1 = MinVal( HT, i );
        s2 = MinVal( HT, i );
        if ( s1 > s2 )//三角搬家
        {
            s = s1;
            s1 = s2;
            s2 = s;
        }
}

//根据字符表和相应权值，建立哈夫曼树
void Create( HuffmanTree &HT, int n, char ch[], int weight[] )
{
        int i, s1, s2;
        if ( n > 1 )
        {
            for ( i = 0; i < n; i++ )
            {
                HT.ht[ i ].ch = ch[ i ];
                HT.ht[ i ].weight = weight[ i ];
                HT.ht[ i ].parent = - 1;
                HT.ht[ i ].lchild = - 1;
                HT.ht[ i ].rchild = - 1;
            }
            //在 HT[0～i-1]中选择 parent 为-1 且 weight 最小的两个结点,
            //其序号分别为 s1 和 s2
```

```
        for ( ; i < HT.htsize; ++i )
        {
            Select( HT, i, s1, s2 );
            HT.ht[ s1 ].parent = HT.ht[ s2 ].parent = i;
            HT.ht[ i ].lchild = s1;
            HT.ht[ i ].rchild = s2;
            HT.ht[ i ].weight = HT.ht[ s1 ].weight + HT.ht[ s2 ].weight;
            HT.ht[ i ].parent = - 1;
            HT.ht[ i ].ch = ' ';    //非树叶结点无字符(赋空格是为了打印时不显示)
        }
    }
    cout << "哈夫曼树建毕！" << endl;
}

//显示哈夫曼树
void Display( HuffmanTree HT )
{
    int i;
    cout << "所建哈夫曼树的静态链表表示如下：" << endl << endl;
     cout << "下标位置" << "   字符   " << "  权值    " << "  左孩子  " << "  右孩子  "
          << "  双亲  " << endl;
    for ( i = 0; i < HT.htsize; i++ )
    {
        cout << setw( 6 ) << i << setw( 6 ) << HT.ht[i].ch
            << setw( 8 ) << HT.ht[i].weight<< setw( 9 ) << HT.ht[i].lchild
            << setw( 8 ) << HT.ht[i].rchild << setw( 6 ) << HT.ht[i].parent << endl;
    }
    cout << endl;
}

//字符编码结构
struct HCnode {
    char ch;
    char *pstring;
};
//编码表结构
struct HuffmanCoder {
     HCnode *hc;
    int hcsize;                 //树叶结点个数
```

```
};
//初始化编码表
void InitHuffmanCoder( HuffmanCoder &HC, int n )
    {
        HC.hc = new HCnode[ n ];
        HC.hcsize   =   n;
    }
//销毁编码表
void DestroyHuffmanCoder( HuffmanCoder &HC )
{
    for ( int i   =   0; i < HC.hcsize; i++ )
        delete[] HC.hc[ i ].pstring;
    delete[] HC.hc;
}

//建立 n 个字符的哈夫曼编码表 HC
void CreateBook( HuffmanCoder &HC, HuffmanTree &HT )
{
    int i, j, c, f, start;
    char *cd = new char[ HC.hcsize ];
    cd[ HC.hcsize - 1 ] = '\0';

    cout << "以下是各字符的哈夫曼编码:" << endl << endl;
    //利用哈夫曼树，逐个字符求赫夫曼编码
    for ( i = 0; i < HC.hcsize; i++ )
    {
        start = HC.hcsize - 1;                          //编码结束符位置
        HC.hc[ i ].ch = HT.ht[ i ].ch;
        //从叶子到根逆向求编码
        for ( c = i, f = HT.ht[ i ].parent; f != - 1; c = f, f = HT.ht[ f ].parent )
            if ( HT.ht[ f ].lchild == c )
                cd[ --start ] = '0';
            else
                cd[ --start ] = '1';

        HC.hc[ i ].pstring = new char[ HC.hcsize - start ];
        cout << "第" << i + 1 << "个字符" << HT.ht[i].ch << "的编码是:   ";
        for ( j = start; j < HC.hcsize; j++ )
```

```
            {
                cout << cd[ j ];
                HC.hc[ i ].pstring[ j - start ] = cd[ j ];
            }
            cout << endl;
        }
        cout << endl;
        delete[] cd;                            //释放工作空间
}

//对用字符串组成的电文用哈夫曼编码表进行编码
void Coder( HuffmanCoder &HC, char ch[] )
{
        ofstream outfile( "f1.dat", ios::out );        //打开数据文件 f1
        for ( int i = 0; i < strlen( ch ); i++ )
            for ( int j = 0; j < HC.hcsize; j++ )
                if ( ch[ i ] == HC.hc[ j ].ch )
                {
                    for ( int k = 0; HC.hc[ j ].pstring[ k ]; k++ )
                    {
                        cout << HC.hc[ j ].pstring[ k ];    //编码结果打印
                        //编码结果写入数据文件 f1
                        outfile.put( HC.hc[ j ].pstring[ k ] );
                        break;
                    }
                }
        outfile.put( '\0' );
        cout << endl;
        outfile.close();                        //关闭数据文件
}

//对用 0，1 串组成的电文用哈夫曼树表进行译码
void Decoder( HuffmanTree &HT )
{
        char ch[ 256 ];
        int j( 0 ), i( 0 ), p, pre, root = HT.htsize - 1;

        ifstream infile( "f2.dat", ios::in );          //打开数据文件 f1
        while ( infile.get( ch[ j ] ) )
```

```
        j++; //从数据文件 f1 中读取 0，1 串组成的电文至 ch
    ch[ j ] = '\0';
    cout << "需译码的二进制电文是: " << endl;
    j = 0;
    while ( ch[ j ] )
    {
        cout << ch[ j ];
        j++;
    }
    cout << endl;
    cout << "译码结果: " << endl;
    pre = - 1;
    p = root;
    while ( i < strlen( ch ) )
    {
        while ( p != - 1 )
        {
            if ( ch[ i ] == '0' )
            {
                pre = p;
                p = HT.ht[ p ].lchild;
            }
            else
            {
                pre = p;
                p = HT.ht[ p ].rchild;
            }
            i++;
        }
        cout << HT.ht[ pre ].ch;
        i--;
        pre = - 1;
        p = root;
    }
    cout << endl;
    infile.close();                //关闭数据文件
}

#endif
```

在哈夫曼树及哈夫曼编码抽象数据类型的实现.h 文件中，编码表的结点结构包括了数据成员 ch 以及指针成员 pstring，其中，pstring 指针指向字符对应的编码串。字符编码表如图 4.6 所示。

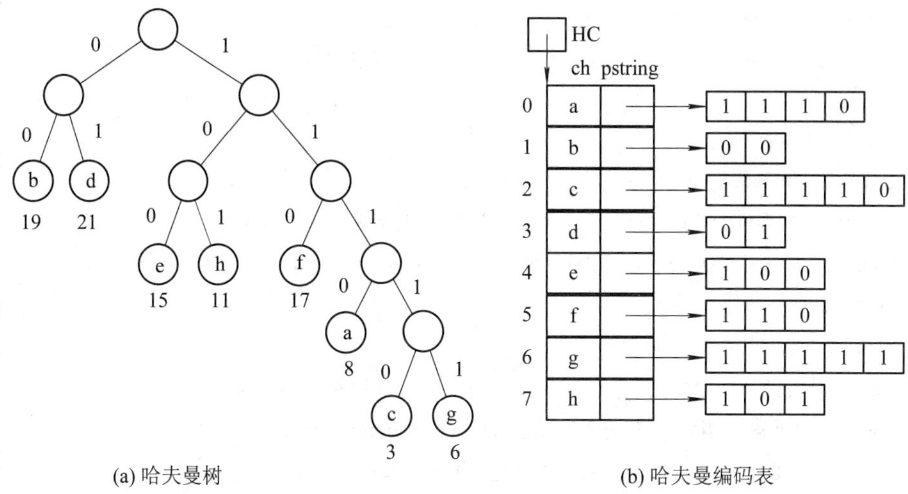

(a) 哈夫曼树　　(b) 哈夫曼编码表

图 4.6　哈夫曼编码表

基于哈夫曼树及哈夫曼编码抽象数据类型的实现，完整的程序还包括主函数等。

哈夫曼树及哈夫曼编码.cpp 文件如下：

```
#include <iostream>
#include <iomanip>

#include "哈夫曼树及哈夫曼编码抽象数据类型的实现.h"
using namespace std;

int main()
{
    int n;
    cout << "---此程序实现建立哈夫曼树并求哈夫曼编码---" << endl << endl;
    cout << "请输入树叶结点的个数(小于等于 1 结束): " << endl;
    cin>>n;
    char ch[ 256 ];
    int weight[ 256 ];

    for ( int i = 0 ; i < n; i++ )
    {
        cout << "请输入第" << i + 1 << "个字符及权值:" ;
        cin >> ch[ i ] >> weight[ i ];
    }
```

```
    HuffmanTree HT;                        //建立哈夫曼树
    InitHuffmanTree( HT, n );
    Create( HT, n, ch, weight );
    Display( HT );                         //显示所建哈夫曼树

    HuffmanCoder HC;                       //对
    InitHuffmanCoder( HC, n );
    CreateBook( HC, HT );                  //建立哈夫曼编码表
    cout << "请输入需编码字符串(字符串中的字符须是当前对象中的字符): " << endl;
    cin >> ch;
    cout<< "编码结果: " << endl;
    Coder( HC, ch );                       //对所输入的字符串进行编码
    cout << "编码的结果同时放入数据文件 f1 中" << endl << endl;
    cout << "对数据文件 f2.dat 中的二进制电文进行译码" << endl;
    Decoder( HT );
    cout << endl;
    DestroyHuffmanTree( HT );
    DestroyHuffmanCoder( HC );
    system( "pause" );
    return 0;
}
```

4.3.4 调试分析

(1) 建立哈夫曼树的第 i 个结点需在前 i−1 个结点中挑选出两棵无双亲且根结点权值最小的子树。筛选过程采用简单选择，时间复杂度为 O(n)，这样的选择需重复 n−1 次，故建立哈夫曼树的时间复杂度为 $O(n^2)$。可用堆筛选的方法，将算法的时间复杂度提升至 O(n∗lg n)。

(2) 对每个字符求编码，是从树叶结点出发自下而上搜索至根结点的过程，这一搜索过程的时间复杂度为 O(lg n)，对有 n 个树叶的哈夫曼树而言，建立编码表的时间复杂度为 O(n∗lg n)。

(3) 编码的过程是对所需编码的每一字符到编码表中查找，这一查找过程的时间复杂度为 O(n)，若字符电文中有 m 个字符，则编码过程的时间复杂度为 O(n∗m)。

(4) 译码的过程是对二进制电文从根结点出发做自上而下搜索，当搜索到树叶结点时则确定了一段二进制电文对应的一个字符，这一搜索过程的时间复杂度为 O(lg n)，若二进制电文中可译出的字符数为 m，则译码的过程的时间复杂度为 O(m∗lg n)。

4.3.5 测试运行结果及用户手册

本程序经 VC++ 及 Dev C++ 等编译器编译，运行环境为 Windows 操作系统，进入程序

运行后即交互显示文本方式的用户界面，用户使用过程可参照提示进行。

用户手册略。

执行哈夫曼树及哈夫曼编码.exe 文件，代入测试数据后程序运行结果如下：

```
---此程序实现建立哈夫曼树并求哈夫曼编码---
请输入树叶结点的个数(小于等于 1 结束)：8
请输入第 1 个字符及权值：a 8
请输入第 2 个字符及权值：b 19
请输入第 3 个字符及权值：c 3
请输入第 4 个字符及权值：d 21
请输入第 5 个字符及权值：e 15
请输入第 6 个字符及权值：f 17
请输入第 7 个字符及权值：g 6
请输入第 8 个字符及权值：h 11

哈夫曼树建毕！

所建哈夫曼树的静态链表表示如下：
下标位置  字符  权值  左孩子  右孩子  双亲
    0      a     8     -1      -1      9
    1      b    19     -1      -1     12
    2      c     3     -1      -1      8
    3      d    21     -1      -1     12
    4      e    15     -1      -1     10
    5      f    17     -1      -1     11
    6      g     6     -1      -1      8
    7      h    11     -1      -1     10
    8            9      2       6      9
    9           17      0       8     11
   10           26      4       7     13
   11           34      5       9     13
   12           40      1       3     14
   13           60     10      11     14
   14          100     12      13     -1

以下是各字符的哈夫曼编码：
第 1 个字符 a 的编码是：1110
第 2 个字符 b 的编码是：00
第 3 个字符 c 的编码是：11110
```

```
第 4 个字符 d 的编码是：01
第 5 个字符 e 的编码是：100
第 6 个字符 f 的编码是：110
第 7 个字符 g 的编码是：11111
第 8 个字符 h 的编码是：101

请输入需编码字符串(字符串中的字符须是当前对象中的字符)：
Abcdefgh
编码结果是：
11100011110011001101111111101
编码的结果同时放入数据文件 f1 中

对数据文件 f2.dat 中的二进制电文进行译码
需译码的二进制电文是：
0111001101111111101001100101
译码结果是：
dfdhghbfdd

请按任意键继续. . .
```

4.3.6 附录

源程序文件名清单：

(1) 哈夫曼树及哈夫曼编码.cpp(主函数)。

(2) 哈夫曼树及哈夫曼编码抽象数据类型的实现.h。

4.3.1

4.3.2

练习题 4

1. 重言式判别

【问题描述】

一个逻辑表达式如果对于其变元的任一种取值都为真，则称重言式；反之，如果对于其变元的任一种取值都为假，则称矛盾式；其它情形称为可满足式。编写程序，判断逻辑表达式属于哪种情形。

【设计要求】

(1) 建立逻辑二叉表达式树。

(2) 写一程序，根据逻辑二叉表达式树对包括逻辑变量的逻辑表达式进行重言式判别。

2. 树结构基本操作的演示

【问题描述】

设计程序，实现树结构基本操作的演示。

【设计要求】

(1) 采用孩子-兄弟法或孩子链表表示法实现树结构的抽象数据类型。

(2) 分别用递归和非递归两种算法描述树结构的先根遍历及后根遍历。

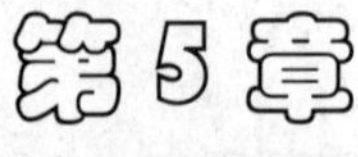

图型结构

图也是一种典型的非线性结构，广泛地应用于语言学、逻辑学、数学、物理、化学、计算机科学、通信工程等领域。如果说线性结构中数据元素之间的关系是一对一、连续的，树形结构中数据元素之间的关系是一对多且具有明显的层次特征的，则图形结构是一种更为复杂的数据结构，在这种数据结构中，数据元素之间的关系是多对多的，即任意顶点都有可能与其它顶点相关联。

可用二元式 G = (V, E)表示图，其中 V 是图中数据元素的集合，称为 G 的顶点集；E 是 V 中顶点之间关系的集合，称为 G 的边集(无向)或弧集(有向)。根据图的逻辑定义，再定义图的一组基本操作，则可给出以下关于图的抽象数据类型：

```
ALGraph {
    数据对象：
        V＝{vi|vi∈VertexType, i=1, 2, …, n, n≥0, VertexType 是数据元素的类型}
    数据关系：
        E={<vi ,vj>|vi ,vj∈V }
    基本操作：
        CreateGraph(G)
        操作结果：建立图的存储
        DestroyGraph(G)
        初始条件: 图 G 存在
        操作结果: 销毁图 G
        LocateVer (G, u)
        初始条件：图 G 存在，u 为图中的某个顶点
        操作结果：若 G 中存在顶点 u，则返回该顶点在图中的位置；否则返回-1
        GetVex(G, v)
        初始条件：图 G 已存在，v 为顶点序号
        操作结果：根据顶点 v 的序号，取得顶点 v 的数据
        PutVex (G, v)
        初始条件：图 G 已存在，v 为顶点序号
        操作结果：根据顶点 v 的序号，对 v 赋新值
        FirstAdjVex(G, v)
        初始条件：图 G 存在，v 是 G 中某个顶点
```

操作结果：返回 v 的第一个邻接顶点的序号。若顶点在 G 中没有邻接顶点，则返回-1

NextAdjVex(G, v, w)

初始条件：图 G 存在，v 是 G 中某个顶点，w 是 v 的邻接顶点

操作结果：返回 v 的(相对于 w 的)下一个邻接顶点的序号。若 w 是 v 的最后一个邻接点，则返回-1

InsertVex(G,v)

初始条件：图 G 存在，v 和图中顶点有相同特征

操作结果：在图 G 中增添新顶点 v

DeleteVex(G, v)

初始条件：图 G 存在，v 是 G 中某个顶点

操作结果：删除 G 中顶点 v 及其相关的弧

InsertArc(G, v, w)

初始条件：图 G 存在，v 和 w 是 G 中两个顶点

操作结果：在 G 中增添弧<v, w>，若 G 是无向的，则还增添对称弧<w, v>

DeleteArc(G, v, w)

初始条件：图 G 存在，v 和 w 是 G 中两个顶点

操作结果：在 G 中删除弧<v, w>，若 G 是无向的，则还删除对称弧<w, v>

DFSTraverse(G, (Visit)())

初始条件：Visit 是顶点的访问函数

操作结果：深度优先遍历图

BFSTraverse(G, (Visit)())

初始条件：Visit 是顶点的访问函数

操作结果：广度优先遍历图

}

图常用的存储结构包括：数组表示法(邻接矩阵)、邻接表表示法、邻接多重表表示法(针对无向图或无向网)、十字链表表示法(针对有向图或有向网)等。以下课程设计的实现，将根据问题自身的特点选择合适的存储结构，在给定存储结构的基础上实现图的抽象数据类型，在抽象数据类型的基础上描述应用算法及设计程序，并就算法的效率展开讨论。

设计题 5.1　最小代价生成树

讲解视频

5.1.1　需求分析

一个连通图的生成树是其极小连通子图，包括了图中的 n 个顶点以及连通这 n 个顶点的 n−1 条边。而最小代价生成树指的是在连通网中找到一棵代价最小的生成树。

最小代价生成树问题具有现实意义。例如，要在 n 个城市之间建立通信联络网，则连通 n 个城市只需要 n−1 条线路。这时，自然会考虑选择哪 n−1 条边连通这 n 个城市可以使得成本最低。

如图 5.1 所示，图 5.1(a)是一连通网，可表示为 G = (V, E)，图 5.1(b)是图 5.1(a)的最小代价生成树，若表示为 N = (U, TE)，则有 U == V，TE∈E。

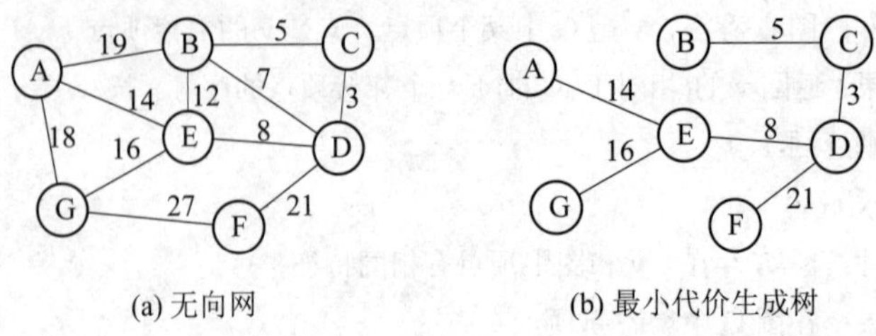

图 5.1 无向网及最小代价生成树

5.1.2 概要设计

构造最小代价生成树的算法有 Prim 算法、Kruskal 算法等，其中，Prim 算法适用于完全图或稠密图，而 Kruskal 算法适用于稀疏图。由于 Prim 算法有更广泛的适用面，因此，课程设计选用 Prim 算法解题。

Prim 算法的解题思想为：假设 G = {V, {E}}是连通网，N = { U, {TE}}是 G 的子图。算法从 U = {u0}, (u0∈V), TE ={}开始，重复执行下述操作：在所有 u∈U，v∈V–U 的边{(u，v)∈E}中找一条代价最小的边(u0, v0)并入集合 TE，同时 v0 并入 U，直至 U == V 为止。此时，TE 中必有 n–1 条边，则 N = (U, {TE})为最小代价生成树。

如图 5.1 所示，用 Prim 算法解题，从 U = {A}，TE = {}开始，逐一加入 U 集的顶点及加入 TE 集合的边分别为：U = {A, E, D, C, B, G, F }及((A, E), (E, D), (D, C), (C, B), (E, G), (D, F))。

5.1.3 详细设计

Prim 算法的实现将应用图的抽象数据类型。因此，课程设计的第一步是根据问题自身的特点，选择合适的物理结构并实现图的抽象数据类型(定义存储结构，实现各个基本操作)。鉴于图的数组表示法(邻接矩阵)在存取边的权值等操作时，时间复杂度为 O(1)，与其它图的表示法比较，操作效率较高，因此，本课程设计选用图的数组表示法实现图的抽象数据类型。

对于图 5.1(a)，图的数组表示法存储结构如图 5.2 所示。

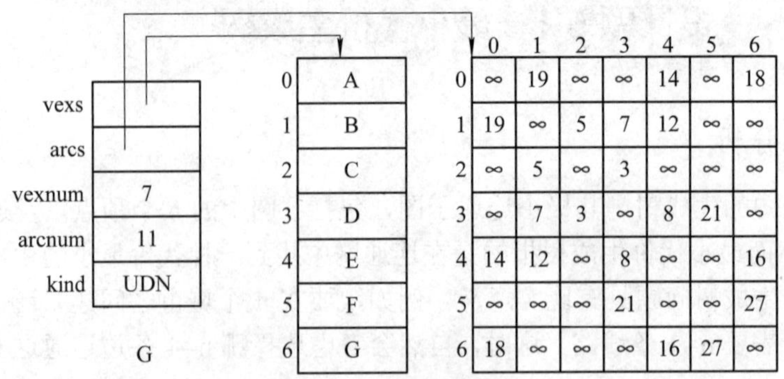

	0	1	2	3	4	5	6
0	∞	19	∞	∞	14	∞	18
1	19	∞	5	7	12	∞	∞
2	∞	5	∞	3	∞	∞	∞
3	∞	7	3	∞	8	21	∞
4	14	12	∞	8	∞	∞	16
5	∞	∞	∞	21	∞	∞	27
6	18	∞	∞	∞	16	27	∞

图 5.2 图的数组表示法

图的数组表示法“邻接矩阵).h”文件定义了图的存储结构，并基于图的存储结构实现了关于图的各个基本操作。为完整起见，该设计除实现了 CreateGraph、LocateVer、GetVex 等课程设计相关函数，还描述了 DFSTraverse(深度优先遍历)、BFSTraverse(广度优先遍历)等操作，供读者在实现图的其它应用时复用。

图的数组表示法“邻接矩阵).h”文件如下：

```
#ifndef _graph_H_
#define _graph_H_

#include<string.h>
using namespace std;
#define INFINITY INT_MAX                    //用整型最大值代替∞
#define MAX_VERTEX_NUM 20                   //最大顶点个数
#define MAX_NAME 3                          //顶点字符串的最大长度+1
#define MAX_INFO 20
typedef char InfoType;
typedef char VertexType[MAX_NAME];
#define MAX_VERTEX_NUM 20
enum GraphKind{DG,DN,UDG,UDN};             //{有向图，有向网，无向图，无向网}
bool IncInfo;

//图的数组元素类型
typedef struct {
    int adj; //顶点关系类型。对无权图，用 1(是)或 0(否)表示相邻否；
          //对带权图，则为权值类型
    InfoType *info;                         //该弧相关信息的指针(可无)
}ArcCell, AdjMatrix[ MAX_VERTEX_NUM ][ MAX_VERTEX_NUM ];

//图的数组表示法(邻接矩阵)存储表示
struct MGraph {
    VertexType vexs[ MAX_VERTEX_NUM ];          //顶点向量
    AdjMatrix arcs;                         //邻接矩阵
    int vexnum,arcnum;                      //图的当前顶点数和弧数
    GraphKind kind;                         //图的种类标志
};

//以下为基于图的数组表示法(邻接矩阵)存储描述的图的基本操作集

//初始条件：图 G 存在，u 和 G 中顶点有相同特征
//操作结果：若 G 中存在顶点 u，则返回该顶点在图中位置；否则返回 –1
```

```
int LocateVex( MGraph G, VertexType u )
{
    int i;
    for ( i = 0; i < G.vexnum; i++ )
        if ( strcmp( u, G.vexs[ i ] ) == 0 )
            return i;
    return -1;
}

//采用数组(邻接矩阵)表示法，构造有向图
bool CreateDG( MGraph &G )
{
    int i, j, k, l;
    char s[ MAX_INFO ], *info;
    VertexType va, vb;
    cout << "请输入有向图 G 的顶点数，弧数，弧是否含其它信息(是:1,否:0): ";
    cin >> G.vexnum >> G.arcnum >> IncInfo;
    cout << endl << "请输入" << G.vexnum << "个顶点的值(小于" << MAX_NAME
        << "个字符):" << endl;
    for ( i = 0; i < G.vexnum; i++ )            //构造顶点向量
        cin >> G.vexs[ i ];
    for ( i = 0; i < G.vexnum; i++ )            //初始化邻接矩阵
        for ( j = 0; j < G.vexnum;j++ )
        {
            G.arcs[ i ][ j ].adj = 0;           //图
            G.arcs[ i ][ j ].info = NULL;
        }
    cout << endl << "请输入 " << G.arcnum << " 条弧的弧尾 弧头(以空格作为间隔):"
        << endl;
    for ( k = 0; k < G.arcnum; k++ )
    {
        cin >> va >> vb;
        i = LocateVex( G, va );
        j = LocateVex( G, vb );
        G.arcs[ i ][ j ].adj = 1;               //有向图
        if ( IncInfo )
        {
            cout << "请输入该弧的相关信息(小于" << MAX_INFO << "个字符): ";
            gets( s );
```

```
                l = strlen( s );
                if ( l )
                {
                    info = new char[ l + 1 ];
                    strcpy( info, s );
                    G.arcs[ i ][ j ].info = info;         //有向
                }
            }
        }
        G.kind = DG;
        return true;
}

//用数组(邻接矩阵)表示法，构造有向网
bool CreateDN( MGraph &G )
{
        int i, j, k, w, IncInfo;
        char s[ MAX_INFO ], *info;
        VertexType va, vb;
        cout << "请输入有向网 G 的顶点数，弧数，弧是否含其它信息(是：1，否：0): ";
        cin >> G.vexnum >> G.arcnum >> IncInfo;
        cout << "请输入" << G.vexnum << "个顶点的值(小于" << MAX_NAME << "个字符):"
            << endl;
        for ( i = 0; i < G.vexnum; i++ )                 //构造顶点向量
            cin >> G.vexs[ i ];
        for ( i = 0; i < G.vexnum; i++ )                 //初始化邻接矩阵
            for ( j = 0; j < G.vexnum; j++ )
            {
                G.arcs[ i ][ j ].adj = INFINITY;         //网
                G.arcs[ i ][ j ].info = NULL;
            }
        cout << "请输入" << G.arcnum << "条弧的弧尾 弧头 权值(以空格作为间隔):" << endl;
        for ( k = 0; k < G.arcnum; k++ )
        {
            cin >> va >> vb >> w;                        //%*c 吃掉回车符
            i = LocateVex( G, va );
            j = LocateVex( G, vb );
            G.arcs[ i ][ j ].adj = w;                    //有向网
            if ( IncInfo )
```

```
            {
                cout << "请输入该弧的相关信息(小于" << MAX_INFO << "个字符): ";
                gets( s );
                w = strlen( s );
                if ( w )
                {
                    info = new char[ w + 1 ];
                    strcpy( info, s );
                    G.arcs[ i ][ j ].info = info; //有向
                }
            }
        }
        G.kind = DN;
        return true;
}

//采用数组(邻接矩阵)表示法，构造无向图
bool CreateUDG( MGraph &G )
{
        int i, j, k, l, IncInfo;
        char s[ MAX_INFO ] ,*info;
        VertexType va, vb;
        cout << "请输入无向图 G 的顶点数，边数，边是否含其它信息(是: 1, 否: 0): ";
        cin >> G.vexnum >> G.arcnum >> IncInfo;
        cout << "请输入" << G.vexnum << "个顶点的值(小于" << MAX_NAME << "个字符):"
            << endl;
        for ( i = 0; i < G.vexnum; i++ )              //构造顶点向量
        cin >> G.vexs[ i ];
        for ( i = 0; i < G.vexnum; i++ )              //初始化邻接矩阵
            for ( j = 0; j < G.vexnum; j++ )
            {
                G.arcs[ i ][ j ].adj = 0;             //图
                G.arcs[ i ][ j ].info = NULL;
            }
        cout << endl << "请输入" << G.arcnum << "条边(顶点以空格作为间隔):" << endl;
        for ( k = 0; k < G.arcnum; k++ )
        {
            cin >> va >> vb;
            i = LocateVex( G, va );
```

```
            j = LocateVex( G, vb );
            G.arcs[ i ][ j ].adj = G.arcs[ j ][ i ].adj = 1;            //无向图
            if ( IncInfo )
            {
                cout << "请输入该边的相关信息(小于" << MAX_INFO << "个字符): " << endl;
                gets( s );
                l = strlen( s );
                if ( l )
                {
                    info = new char[ l + 1 ];
                    strcpy( info, s );
                    G.arcs[ i ][ j ].info = G.arcs[ j ][ i ].info = info; //无向
                }
            }
        }
        G.kind = UDG;
        return true;
}

//采用数组(邻接矩阵)表示法，构造无向网 G
bool CreateUDN( MGraph &G )
{
    int i, j, k, w, IncInfo;
    char s[ MAX_INFO ], *info;
    VertexType va, vb;
    cout << endl << "请输入无向网 G 的顶点数,边数,边是否含其它信息(是:1,否:0): ";
    cin>>G.vexnum>>G.arcnum>>IncInfo;
    cout << endl << "请输入" << G.vexnum << "个顶点的值(小于" << MAX_NAME << "个字符):"
        << endl;
    for ( i = 0; i < G.vexnum; i++ )                    //构造顶点向量
        cin >> G.vexs[ i ];
    for ( i = 0; i < G.vexnum; i++ )                    //初始化邻接矩阵
        for ( j = 0; j < G.vexnum; j++ )
        {
            G.arcs[ i ][ j ].adj = INFINITY;        //网
            G.arcs[ i ][ j ].info = NULL;
        }
    cout << "请输入" << G.arcnum<<"条边及权值:" << endl;
    for ( k = 0; k < G.arcnum; k++ )
```

```
    {
        cin >> va >> vb >> w; //%*c 吃掉回车符
        i = LocateVex( G, va );
        j = LocateVex( G, vb );
        G.arcs[ i ][ j ].adj = G.arcs[ j ][ i ].adj = w; //无向
        if ( IncInfo )
        {
            cout << "请输入该边的相关信息(小于" << MAX_INFO << "个字符): ";
            gets( s );
            w = strlen( s );
            if ( w )
            {
                info = new char[ w + 1 ];
                strcpy( info, s );
                G.arcs[ i ][ j ].info = G.arcs[ j ][ i ].info = info; //无向
            }
        }
    }
    G.kind = UDN;
    return true;
}

//采用数组(邻接矩阵)表示法，构造图 G
bool CreateGraph( MGraph &G )
{
    int kind;
    cout << endl << "请输入图 G 的类型(有向图:0,有向网:1,无向图:2,无向网:3):";
    cin >> kind;
    switch ( kind )
    {
        case 0: return CreateDG(G);            //构造有向图
        case 1: return CreateDN(G);            //构造有向网
        case 2: return CreateUDG(G);           //构造无向图
        case 3: return CreateUDN(G);           //构造无向网
        default: return false;
    }
}

//初始条件: 图 G 存在。操作结果: 销毁图 G
```

```
void DestroyGraph( MGraph &G )
{
    int i, j;
    if ( G.kind < 2 ) //有向
        for ( i = 0; i < G.vexnum; i++ )            //释放弧的相关信息(如果有的话)
            for ( j = 0; j < G.vexnum; j++ )        //有向图的弧或有向网的弧
                if ( G.arcs[ i ][ j ].adj == 1 && G.kind == 0
                    || G.arcs[ i ][ j ].adj != INFINITY && G.kind == 1)
                    if ( G.arcs[ i ][ j ].info )    //有相关信息
                    {
                        delete ( G.arcs[ i ][ j ].info );
                        G.arcs[ i ][ j ].info = NULL;
                    }
    else //无向
        for ( i = 0; i < G.vexnum; i++ )            //释放边的相关信息(如果有的话)
            for ( j = i + 1; j < G.vexnum; j++ )    //无向图的边或无向网的边
                if ( G.arcs[ i ][ j ].adj == 1 && G.kind == 2
                    || G.arcs[ i ][ j ].adj != INFINITY && G.kind == 3)
                    if ( G.arcs[ i ][ j ].info )    //有相关信息
                    {
                        delete( G.arcs[i][j].info );
                        G.arcs[ i ][ j ].info = G.arcs[ j ][ i ].info = NULL;
                    }
    G.vexnum = 0;
    G.arcnum = 0;
}

//初始条件: 图 G 存在，v 是 G 中某个顶点的序号。操作结果: 返回 v 的值
VertexType& GetVex (MGraph G, int v )
{
    if ( v >= G.vexnum || v < 0 )
        exit( false );
    return G.vexs[ v ];
}

//初始条件: 图 G 存在，v 是 G 中某个顶点。操作结果: 对 v 赋新值 value
bool PutVex( MGraph &G, VertexType v, VertexType value )
{
    int k;
```

```
    k = LocateVex( G, v ); //k 为顶点 v 在图 G 中的序号
    if ( k < 0)
        return false;
    strcpy ( G.vexs[k], value);
    return true;
}

//初始条件：图 G 存在，v 是 G 中某个顶点
//操作结果：返回 v 的第一个邻接顶点的序号。若顶点在 G 中没有邻接顶点，则返回-1
int FirstAdjVex( MGraph G, VertexType v )
{
    int i, j = 0, k;
    k = LocateVex( G, v );                          //k 为顶点 v 在图 G 中的序号
    if ( G.kind == DN || G.kind == UDN )            //网
        j = INFINITY;
    for ( i = 0; i < G.vexnum; i++ )
        if ( G.arcs[ k ][ i ].adj != j )
            return i;
    return -1;
}

//初始条件: 图 G 存在，v 是 G 中某个顶点，w 是 v 的邻接顶点
//操作结果: 返回 v 的(相对于 w 的)下一个邻接顶点的序号,
//          若 w 是 v 的最后一个邻接顶点，则返回-1
int NextAdjVex( MGraph G, VertexType v, VertexType w )
{
    int i, j = 0, k1, k2;
    k1 = LocateVex( G, v );                         //k1 为顶点 v 在图 G 中的序号
    k2 = LocateVex( G, w );                         //k2 为顶点 w 在图 G 中的序号
    if ( G.kind == DN || G.kind == UDN )            //网
        j = INFINITY;
    for ( i = k2 + 1; i < G.vexnum; i++)
        if ( G.arcs[ k1 ][ i ].adj != j )
            return i;
    return -1;
}

//初始条件: 图 G 存在，v 和图 G 中顶点有相同特征
//操作结果: 在图 G 中增添新顶点 v(不增添与顶点相关的弧，留待 InsertArc()去做)
```

```
void InsertVex( MGraph &G,VertexType v )
{
    int i;
    strcpy( G.vexs[ G.vexnum ], v );                    //构造新顶点向量
    for ( i = 0; i <= G.vexnum; i++ )
    {
        if ( G.kind % 2 )                               //网
        {
            G.arcs[ G.vexnum ][ i ].adj = INFINITY; //初始化该行邻接矩阵的值(无边或弧)
            G.arcs[ i ][ G.vexnum ].adj = INFINITY; //初始化该列邻接矩阵的值(无边或弧)
        }
        else //图
        {
            G.arcs[ G.vexnum ][ i ].adj = 0;            //初始化该行邻接矩阵的值(无边或弧)
            G.arcs[ i ][ G.vexnum ].adj = 0;            //初始化该列邻接矩阵的值(无边或弧)
        }
        G.arcs[ G.vexnum ][ i ].info = NULL;            //初始化相关信息指针
        G.arcs[ i ][ G.vexnum ].info = NULL;
    }
    G.vexnum += 1;                                      //图 G 的顶点数加 1
}

//初始条件: 图 G 存在，v 是 G 中某个顶点。操作结果: 删除 G 中顶点 v 及其相关的弧
bool DeleteVex( MGraph &G, VertexType v )
{
    int i, j, k;
    int m = 0;
    k = LocateVex( G, v );                              //k 为待删除顶点 v 的序号
    if ( k < 0 ) //v 不是图 G 的顶点
        return false;
    if ( G.kind == DN || G.kind == UDN )                //网
        m = INFINITY;
    for ( j = 0; j < G.vexnum; j++ )
        if ( G.arcs[ j ][ k ].adj != m )                //有入弧或边
        {
            if ( G.arcs[ j ][ k ].info )                //有相关信息
            delete(G.arcs[ j ][ k ].info );             //释放相关信息
            G.arcnum--; //修改弧数
        }
```

```
    if ( G.kind == DG || G.kind == DN)                      //有向
        for ( j = 0; j < G.vexnum; j++ )
            if ( G.arcs[ k ][ j ].adj != m )                //有出弧
            {
                if ( G.arcs[ k ][ j ].info )                //有相关信息
                    delete( G.arcs[ k ][ j ].info );        //释放相关信息
                G.arcnum--; //修改弧数
            }
    for ( j = k + 1; j < G.vexnum; j++)                     //序号 k 后面的顶点向量依次前移
        strcpy( G.vexs[ j - 1 ], G.vexs[ j ]);
    for ( i = 0; i < G.vexnum; i++ )
        for ( j = k + 1; j < G.vexnum; j++ )
            G.arcs[ i ][ j - 1 ] = G.arcs[ i ][ j ];        //移动待删除顶点之后的矩阵元素
    for ( i = 0; i < G.vexnum; i++ )
        for ( j = k + 1; j < G.vexnum; j++ )
            G.arcs[ j - 1 ][ i ] = G.arcs[ j ][ i ];        //移动待删除顶点之下的矩阵元素
    G.vexnum--;                                             //更新图的顶点数
    return true;
}

//初始条件: 图 G 存在，v 和 W 是 G 中两个顶点
//操作结果: 在 G 中增添弧<v, w>，若 G 是无向的，则还增添对称弧<w, v>
bool InsertArc( MGraph &G, VertexType v, VertexType w )
{
    int i, l, v1, w1;
    char *info, s[ MAX_INFO ];
    v1 = LocateVex( G, v );                                 //尾
    w1 = LocateVex( G, w );                                 //头
    if ( v1 < 0 || w1 < 0 )
        return false;
    G.arcnum++;                                             //弧或边数加 1
    if ( G.kind % 2 )                                       //网
    {
        cout << "请输入此弧或边的权值: ";
        cin >> G.arcs[ v1 ][ w1 ].adj;
    }
    else //图
        G.arcs[ v1 ][ w1 ].adj = 1;
    cout << "是否有该弧或边的相关信息(0: 无 1: 有): ";
```

```
    cin >> IncInfo;
    if ( IncInfo )
    {
        cout << "请输入该弧或边的相关信息(<" << MAX_INFO<<"个字符): " << endl;
        gets( s );
        l = strlen( s );
        if( l )
        {
            info = new char[ l + 1 ];
            strcpy( info,s );
            G.arcs[ v1 ][ w1 ].info = info;
        }
    }
    if ( G.kind > 1 )                                    //无向
    {
        G.arcs[ w1 ][ v1 ].adj = G.arcs[ v1 ][ w1 ].adj;
        G.arcs[ w1 ][ v1 ].info = G.arcs[ v1 ][ w1 ].info;    //指向同一个相关信息
    }
    return true;
}

//初始条件: 图 G 存在，v 和 w 是 G 中两个顶点
//操作结果: 在 G 中删除弧<v, w>，若 G 是无向的，则还删除对称弧<w, v>
bool DeleteArc( MGraph &G, VertexType v, VertexType w )
{
    int v1, w1;
    v1 = LocateVex( G, v );                              //尾
    w1 = LocateVex( G, w );                              //头
    if ( v1 < 0 || w1 < 0 )                              //v1、w1 的值不合法
        return false;
    if ( G.kind % 2 == 0 )                               //图
        G.arcs[ v1 ][ w1 ].adj = 0;
    else                                                 //网
        G.arcs[ v1 ][ w1 ].adj = INFINITY;
    if ( G.arcs[ v1 ][ w1 ].info)                        //有其它信息
    {
        delete( G.arcs[ v1 ][ w1 ].info );
        G.arcs[ v1 ][ w1 ].info = NULL;
    }
```

```
    if( G.kind >= 2 )                    //无向，删除对称弧<w,v>
    {
        G.arcs[ w1 ][ v1 ].adj = G.arcs[ v1 ][ w1 ].adj;
        G.arcs[ w1 ][ v1 ].info = NULL;
    }
    G.arcnum--;
    return true;
}

bool visited[ MAX_VERTEX_NUM ];  //访问标志数组(全局量)
bool( *VisitFunc )( VertexType );        //函数变量
//第 v 个顶点出发递归地深度优先遍历图 G
void DFS( MGraph G, int v)
{
    VertexType w1, v1;
    int w;
    visited[ v ] = true;                 //设置访问标志为 TRUE(已访问)
    VisitFunc( G.vexs[ v ] );            //访问第 v 个顶点
    strcpy( v1, GetVex( G,v ) );
    for ( w = FirstAdjVex( G, v1 ); w >= 0;
        w = NextAdjVex( G, v1, strcpy( w1, GetVex( G, w ) ) ) )
        if ( ! visited[ w ])
            DFS( G, w );        //对 v 的尚未访问的序号为 w 的邻接顶点递归调用 DFS
}

//初始条件: 图 G 存在，Visit 是顶点的应用函数。算法 7.4
//操作结果: 从第 1 个顶点起，深度优先遍历图 G，并对每个顶点调用函数 Visit
//一次且仅一次。一旦 Visit()失败，则操作失败
void DFSTraverse( MGraph G, bool( *Visit )( VertexType ) )
{
    int v;
    VisitFunc = Visit; //使用全局变量 VisitFunc，使 DFS 不必设函数指针参数
    for ( v = 0; v < G.vexnum; v++ )
        visited[ v ] = false;            //访问标志数组初始化(未被访问)
    for ( v = 0; v < G.vexnum; v++ )
        if ( ! visited[ v ] )
            DFS( G, v );                 //对尚未访问的顶点调用 DFS
    cout << endl;
}
```

```
typedef int QElemType;                    //队列类型
#include"LinkQueue.h"

//初始条件: 图 G 存在，Visit 是顶点的应用函数
//操作结果: 从第 1 个顶点起，按广度优先非递归遍历图 G，并对每个顶点调用函数
//Visit 一次且仅一次。一旦 Visit()失败，则操作失败。使用辅助队列 Q 和访问标志数组 visited
void BFSTraverse( MGraph G, bool( *Visit )( VertexType ) )
{
    int v, u, w;
    VertexType w1, u1;
    LinkQueue Q;
    for ( v = 0; v < G.vexnum; v++ )
        visited[ v ] = false;             //置初值
    InitQueue( Q );                       //置空的辅助队列 Q
    for ( v = 0; v < G.vexnum; v++ )
        if ( ! visited[ v ] )             //v 尚未访问
        {
            visited[ v ] = true;          //设置访问标志为 TRUE(已访问)
            Visit( G.vexs[ v ] );
            EnQueue( Q, v );              //v 入队列
            while ( ! QueueEmpty( Q ) )   //队列不空
            {
                DeQueue( Q, u );          //队头元素出队并置为 u
                strcpy(u1, GetVex( G, u ) );
                for ( w = FirstAdjVex( G, u1 ); w >= 0;
                    w = NextAdjVex( G, u1, strcpy( w1, GetVex( G, w ) ) ) )
                    if ( ! visited[ w ] )   //w 为 u 的尚未访问的邻接顶点的序号
                    {
                        visited[ w ] = true;
                        Visit( G.vexs[ w ] );
                        EnQueue( Q, w );
                    }
            }
        }
    cout << endl;
}
#endif
```

基于图的数组表示法“邻接矩阵.h”文件，在建立了图的存储后，实现求解最小代价生成树的 Prim 算法借助 closeedge[]数组，记录 V–U 的顶点到 U 中最小代价的边。该数组的大小与图的顶点数组一致，且下标对应顶点数组中的各个顶点。closeedge[]数组每一数组元素有两个成员，adjvex 成员记录当前顶点到当前 U 集的哪个顶点具有最小代价，而最小代价的权值记录在 lowcost 成员中。

以图 5.1(a)为例，图 5.3 是 closeedge[] 数组的变化过程，初始状态在图中任选一个顶点纳入 U 集(本例为顶点 A)，其余 V–U 中的顶点到当前 U 集中顶点的最小代价如图 5.3(a)所示。从 TE 集为空集开始逐一筛选最小权值的边，当筛选出一条边后，关联顶点纳入 U 集并讨论其余 V–U 集的顶点到当前 U 集的最小代价是否改变，若改变则将其记录在 Closeedge[]数组中，直至 U = V 且 TE 集为含有 n–1 条边的最小代价生成树。

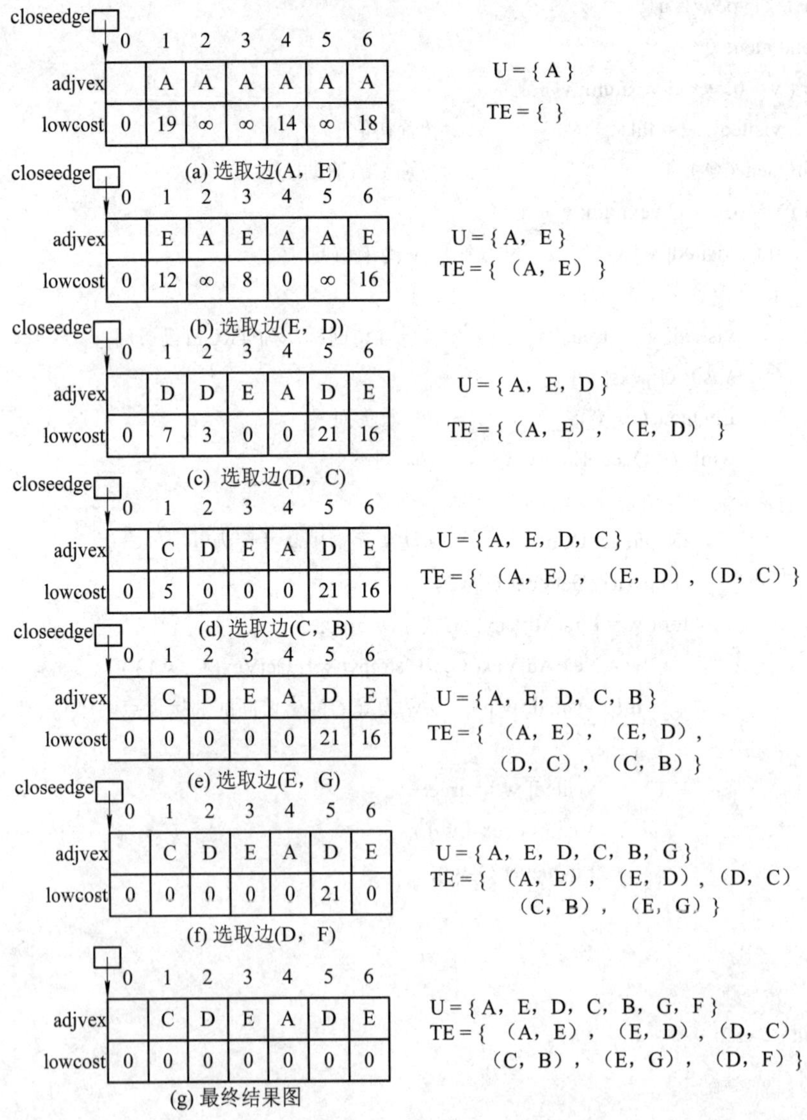

图 5.3 构造最小代价生成树过程中 closeedge 数组的各分量变化图

基于图的数组表示法“邻接矩阵.h”文件，完整的程序设计还包括求最小代价生成树的 MiniSpanTree_PRIM 函数、筛选函数 minimum、存储显示函数 Display 及主函数等。

最小代价生成树“Prim 算法.cpp”文件如下：

```
#include <iostream>
#include <iomanip>
#include"图的数组表示法(邻接矩阵).h"
using namespace std;

typedef struct node { //记录从顶点集 U 到 V-U 的代价最小的边的辅助数组定义
    VertexType adjvex;
    int lowcost;
} minside[MAX_VERTEX_NUM];

//求 closedge.lowcost 的最小正值
int minimum( minside &closedge, MGraph &G )
{
    int i = 0, j, k, min;
    while ( ! closedge[ i ].lowcost )
        i++;
    min = closedge[ i ].lowcost;             //第一个不为 0 的值
    k = i;
    for ( j = i + 1; j < G.vexnum; j++ )
        if ( closedge[ j ].lowcost > 0 )
            if ( min > closedge[ j ].lowcost )
            {
                min = closedge[ j ].lowcost;
                k = j;
            }
    return k;
}

//普里姆算法从第 u 个顶点出发构造网 G 的最小生成树 T，输出 T 的各条边。
void MiniSpanTree_PRIM( MGraph G, VertexType u )
{
    int i, j, k, min;
    minside closedge;
    k = LocateVex( G, u );
    for ( j = 0; j < G.vexnum; ++j )             //辅助数组初始化
```

```
            if ( j != k)
            {
                strcpy( closedge[ j ].adjvex, u );
                closedge[ j ].lowcost = G.arcs[ k ][ j ].adj;
            }
    closedge[ k ].lowcost = 0; //初始,U={u}
    cout << "最小代价生成树的各条边为:" << endl;
    for ( i = 1; i < G.vexnum; i++ )
    { //选择其余 G.vexnum-1 个顶点
        k = minimum( closedge, G); //求出 T 的下一个结点：序号(存储下标)为 K 的顶点
        //输出生成树的边
        cout << "(" << closedge[ k ].adjvex << "," << G.vexs [k ] << ")" << " ";
        closedge[ k ].lowcost = 0; //序号(存储下标)为 K 的顶点并入 U 集
        for ( j = 0; j < G.vexnum; j++)
            if ( G.arcs[ k ][ j ].adj < closedge[ j ].lowcost )
            { //k 顶点并入 U 集后更新 V-U 集顶点到 U 集的最小代价
                strcpy( closedge[ j ].adjvex, G.vexs [k ] );
                closedge[ j ].lowcost =G .arcs[ k ][ j ].adj;
            }
    }
}

void Display( MGraph G )
{ //输出邻接矩阵 G
    int i, j;
    char s[ 8 ], s1[ 4 ];
    switch( G.kind )
    {
        case DG:
            strcpy( s, "有向图\0" );
            strcpy( s1, "弧\0" );
            break;
        case DN:
            strcpy( s, "有向网\0" );
            strcpy( s1, "弧\0");
            break;
        case UDG:
            strcpy( s, "无向图\0" );
```

```
            strcpy( s1, "边\0" );
            break;
        case UDN:
            strcpy( s, "无向网\0" );
            strcpy( s1, "边\0" );
    }
    cout << "该图为有" << G.vexnum << "个顶点、" << G.arcnum << "条" << s1 << "的" << s;
    cout<<endl;
    for ( i = 0; i < G.vexnum; i++ )          //输出 G.vexs
        cout << "G.vexs[" << i <<"]:" << G.vexs[i] << endl;
    cout << endl << "G.arcs.adj:" << endl;    //输出 G.arcs.adj
    for ( i = 0; i < G.vexnum; i++ )
    {
        for ( j = 0; j < G.vexnum; j++ )
            if ( G.arcs[ i ][ j ].adj < INFINITY )
                cout << setw( 6 ) << G.arcs[ i ][ j ].adj;
            else
                cout << "     max";
        cout << endl;
    }
    if ( IncInfo )
    {
        cout << "G.arcs.info:" << endl;       //输出 G.arcs.info
        cout << "顶点 1(弧尾) 顶点 2(弧头) 该" <<s1 << "信息：" << endl;
        if ( G.kind < 2 )                     //有向
            for ( i = 0; i < G.vexnum; i++ )
                for ( j = 0; j < G.vexnum; j++ )
                    if ( G.arcs[ i ][ j ].info )
                        cout << setw( 8 ) << G.vexs[ i ] << setw( 8 ) << G.vexs[ j ]
                             << setw( 16 ) << G.arcs[ i ][ j ].info << endl;
        else //无向
            for ( i = 0; i < G.vexnum; i++ )
                for ( j = i + 1; j < G.vexnum; j++ )
                    if ( G.arcs[ i ][ j ].info )
                        cout << setw( 8   )<< G.vexs[ i ] << setw( 8 ) << G.vexs[ j ]
                             << setw( 16 ) << G.arcs[ i ][ j ].info << endl;
    }
```

```
}

int main()
{
    MGraph G;
    cout << "最小代价生成树为无向连通网的应用。" << endl;
    CreateGraph( G );
    Display( G );
    cout << endl;
    MiniSpanTree_PRIM( G, G.vexs[ 0 ] );
    cout << endl << endl;
        system( "pause" );
    return 0;
}
```

5.1.4 调试分析

由 Prim 算法采用的策略可知，每条边的筛选过程为：先在 closeedge[] 数组挑一当前最小权值的边，再将关联顶点纳入 U 集，然后对 closeedge[] 数组讨论因 U 集中新成员的加入是否改变 V-U 集的顶点到 U 集的当前最小代价。这一过程的时间复杂度为 O(n)。而这样的筛选需要重复 n−1 次，故 Prim 算法的时间复杂度为 $O(n^2)$，即算法的时间复杂度与顶点的个数有关，与边的条数无关。

Kruskal 算法是另一种求最小代价生成树的方法，设最小生成树的初始状态为只有 n 个顶点而无边的非连通图 T=(V,{})，图中每个顶点自成一个连通分量。在 e 中选择当前代价最小的边，若该边依附的顶点落在 T 中不同的连通分量上，则将此边加入到 T 中，否则舍去该边，选择下一条代价最小的边。重复上述过程，直至 T 中所有顶点都在同一连通分量上为止。

Kruskal 算法首先需对 e 条边进行排序或筛选，然后从最小权值的边开始对所选边是否可用进行判断(若可用还需进行连通分量的合并)，故算法的时间复杂度为 O(e∗log e)，其中，e 为边的数目。该算法的时间复杂度与顶点的个数无关，与边的条数有关。由于在顶点数目为 n 的无向连通网中，边的数目 e≥n−1 且 e≤n(n−1)/2，故 Kruskal 算法对于完全图或稠密图而言，算法的时间复杂度近似 $O(n^2*\log n^2)$，逊于 Prim 算法，而在稀疏图时，算法的时间复杂度近似 O(n∗log n)，优于 Prim 算法。

5.1.5 测试运行结果及用户手册

程序经 VC++ 及 Dev C++ 等编译器编译，运行环境为 Windows 操作系统。进入程序运行后即交互显示文本方式的用户界面，用户使用过程可参照提示进行。

用户手册略。

执行最小代价生成树“Prim 算法.exe”文件，代入测试数据后程序运行结果如下：

```
最小代价生成树为无向连通网的应用。
请输入图 G 的类型(有向图:0,有向网:1,无向图:2,无向网:3):3
请输入无向网 G 的顶点数,边数,边是否含其它信息(是:1,否:0): 7 11 0
请输入 7 个顶点的值(小于 3 个字符):
A B C D E F G
请输入 11 条边及权值:
A B 19
A E 14
A G 18
B C 5
B D 7
B E 12
C D 3
D E 8
D F 21
E G 16
F G 27
该图为有 7 个顶点、11 条边的无向网。

G.vexs[0]:A
G.vexs[1]:B
G.vexs[2]:C
G.vexs[3]:D
G.vexs[4]:E
G.vexs[5]:F
G.vexs[6]:G

G.arcs.adj:
   max     19    max    max     14    max     18
    19    max      5      7     12    max    max
   max      5    max      3    max    max    max
   max      7      3    max      8     21    max
    14     12    max      8    max    max     16
   max    max    max     21    max    max     27
    18    max    max    max     16     27    max

最小代价生成树的各条边为:
```

```
(A,E)    (E,D)    (D,C)    (C,B)    (E,G)    (D,F)

请按任意键继续. . .
```

5.1.6 附录

源程序文件名清单：

(1) 图的数组表示法(邻接矩阵).h。

(2) 最小代价生成树(Prim 算法).cpp。

(3) LinkQueue.h(基本操作 BFSTraverse(广度优先遍历)用到的链队列)。

设计题 5.2 哈密顿图的判断

讲解视频

5.2.1 需求分析

经过图中的每个顶点一次且仅一次的通路称为哈密顿通路，经过图中每个顶点一次且仅一次的回路称为哈密顿回路，具有哈密顿回路的图称为哈密顿图，具有哈密顿通路但不具有哈密顿回路的图称为半哈密顿图。哈密顿图是关于连通图的问题，在邮路问题、旅行问题、售货问题等都有较好的应用价值。

如图 5.4 所示，图 5.4(a)存在哈密顿回路(A, B, F, C, G, D, H, J, K, E, A)，是一哈密顿图。图 5.4(b)不存在哈密顿回路，但存在哈密顿通路(A, B, C, F, I, G, D, H, J, K, E)，是一半哈密顿图。图 5.4(c)既不存在哈密顿回路也不存在哈密顿通路，不是哈密顿图。

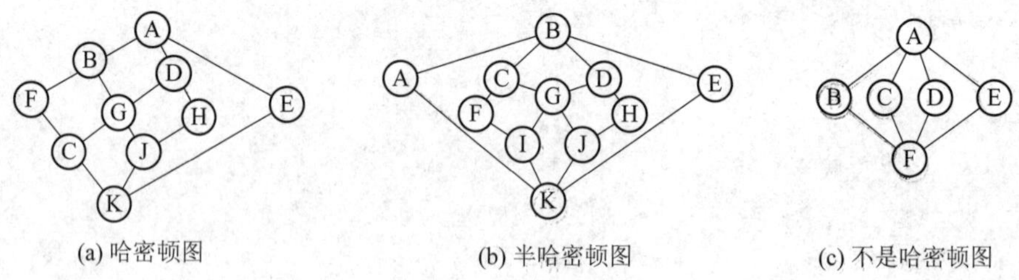

图 5.4 关于哈密顿图

5.2.2 概要设计

判断哈密顿图的充要条件是图论中尚未解决的难题，但应用图的深度优先搜索策略却能描述一个判断哈密顿图是否存在的算法。

借助辅助工作栈，初始所有顶点均设置为未被访问状态 false，计数器 count = 0，且设 u 为源点，用深度优先搜索策略判断哈密顿图的递归算法大致如下：

(1) 从图中某个顶点 u 出发，该顶点入栈，设置该顶点访问状态为 true，count++。

(2) 依次从与 u 邻接且未被访问过的邻接点出发，在 count 小于图中的顶点数且栈不空时重复步骤(1)、(2)，递归地深度优先搜索图，直至当前顶点 u 的所有邻接点都已被访问。

(3) 若此时 count 小于图中的顶点数，则 count--，设置当前顶点 u 的访问状态为 false，退栈，回到步骤(2)。或 count 等于图中的顶点数但源点不是当前结点 u 的邻接点，该图至少是半哈密顿图，若要继续做哈密顿图的判断，则同样置当前顶点 u 的访问状态为 false、退栈，回到步骤(2)。

执行以上步骤，直至 count 等于图中的顶点数且源点是当前结点 u 的邻接点，则该图存在哈密顿回路，是哈密顿图；或栈空，则该图不是哈密顿图。

5.2.3　详细设计

应用图的深度优先搜索策略判断哈密顿图是否存在的算法是基于邻接点的搜索策略，由于图的邻接表表示法在取顶点的邻接点操作时因表中没有无效的邻接点信息而操作效率比数组表示法高，因此，课程设计选用邻接表表示法作为图的存储结构，并在此基础上实现图的抽象数据类型及描述哈密顿图的判断算法。

以图 5.4(a)为例，图的邻接表存储表示如图 5.5 所示。

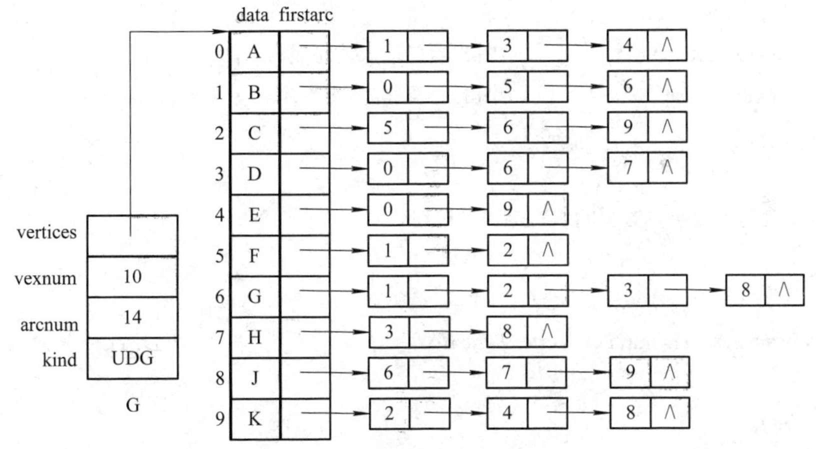

图 5.5　图的邻接表存储表示

图抽象类型的实现“邻接表.h”文件如下：

```
#ifndef _graph_H_
#define _graph_H_


#define MAX_NAME 3              //顶点字符串的最大长度+1
typedef int InfoType;
typedef char VertexType[ MAX_NAME ];
#define MAX_VERTEX_NUM 20
using namespace std;
//图的种类：{有向图,有向网,无向图,无向网}
enum GraphKind{ DG, DN, UDG, UDN };
```

```
//表结点结构
struct ArcNode {
    int adjvex;                 //该弧所指向的顶点的位置
    ArcNode *nextarc;           //指向下一条弧的指针
    InfoType *info;             //网的权值指针
};

//头结点结构
typedef struct {
    VertexType data;            //顶点信息
    ArcNode *firstarc;          //第一个表结点的地址，指向第一条依附该顶点的弧的指针
}VNode, AdjList[ MAX_VERTEX_NUM ];

//图的邻接表存储结构
struct ALGraph {
    AdjList vertices;           //顶点数组
    int vexnum,arcnum;          //图的当前顶点数和弧数
    int kind;                   //图的种类标志
};

//以下为基于邻接表的图的基本操作的实现

//查找顶点在顶点数组中的位置
int LocateVex( ALGraph G, VertexType u )
{
    int i;
    for ( i = 0; i < G.vexnum; i++ )
        if ( strcmp( u, G.vertices[ i ].data ) == 0 )
            return i;
    return -1;
}

//采用邻接表存储结构，构造没有相关信息的图 G(用一个函数构造 4 种图)
bool CreateGraph( ALGraph &G )
{
    int i, j, k;
    int w; //权值
    VertexType va, vb;
```

```
ArcNode *p;
cout << "(请输入图的类型(0:有向图,1:有向网,2:无向图,3:无向网):";
cin >> G.kind;
cout << "请输入图的顶点数目,边或弧的数目: ";
cin >> G.vexnum >> G.arcnum;
cout << "请输入" << G.vexnum << "个顶点的值(小于" << MAX_NAME << "个字符):"
    << endl;
for ( i = 0; i < G.vexnum; i++ )
{   //构造顶点向量
    cin >> G.vertices[ i ].data;
    G.vertices[ i ].firstarc = NULL;
}
if ( G.kind == 1 || G.kind == 3)                //网
    cout << "请顺序输入每条弧(边)的权值、弧尾和弧头:" << endl;
else //图
    cout << "请顺序输入每条弧(边)的弧尾和弧头:" << endl;
for ( k = 0; k < G.arcnum; k++ )
{   //构造表结点链表
    if ( G.kind == 1 || G.kind == 3 )           //网
        cin >> w >> va >> vb;
    else //图
        cin >> va >> vb;
    i = LocateVex( G, va );                     //弧尾
    j = LocateVex( G, vb );                     //弧头
    p = new ArcNode;
    p->adjvex = j;
    if ( G.kind == 1 || G.kind == 3 )
    {  //网
        p->info = new int;
        *( p->info ) = w;
    }
    else
        p->info = NULL;                         //图
    p->nextarc = G.vertices[ i ].firstarc;      //插在表头
    G.vertices[ i ].firstarc = p;
    if ( G.kind >= 2 )
    {   //无向图或网，产生第二个表结点
        p = new ArcNode;
        p->adjvex = i;
```

```
            if ( G.kind == 3 )
            {   //无向网
                p->info = new int;
                *( p->info ) = w;
            }
            else
                p->info = NULL; //无向图
            p->nextarc = G.vertices[ j ].firstarc; //插在表头
            G.vertices[ j ].firstarc = p;
        }
    }
    return true;
}

//初始条件: 图 G 存在。操作结果: 销毁图 G
void DestroyGraph( ALGraph &G )
{
    int i;
    ArcNode *p, *q;
    for ( i = 0; i<G.vexnum; i++ )
    {
        p = G.vertices[ i ].firstarc;
        while ( p )
        {
            q = p->nextarc;
            if ( G.kind % 2 ) //  网
                delete p->info;
            delete p;
            p = q;
        }
    }
    G.vexnum = 0;
    G.arcnum = 0;
}

// 初始条件: 图G存在。操作结果：销毁图G
void DestroyGraph( ALGraph &G )
{
    int i;
```

```
    ArcNode *p, *q;
    for ( i = 0; i < G.vexnum; i++ )
    {
        p = G.vertices[ i ].firstarc;
        while ( p )
        {
            q = p->nextarc;
            if ( G.kind % 2 ) //  网
                delete p->info;
            delete p;
            p = q;
        }
    }
    G.vexnum = 0;
    G.arcnum = 0;
}

//初始条件: 图 G 存在，v 是 G 中某个顶点
//操作结果: 返回 v 的第一个邻接顶点的序号。若顶点在 G 中没有邻接顶点，则返回-1
int FirstAdjVex( ALGraph G, int v )
{
    ArcNode *p;
    p = G.vertices[ v ].firstarc;
    if(p)
        return p->adjvex;
    else
        return -1;
}

//初始条件: 图 G 存在，v 是 G 中某个顶点，w 是 v 的邻接顶点
//操作结果: 返回 v 的(相对于 w 的)下一个邻接顶点的序号。
//              若 w 是 v 的最后一个邻接点,则返回-1
int NextAdjVex( ALGraph G, int v, int w )
{
    ArcNode *p;
    p = G.vertices[ v ].firstarc;
    while ( p && p->adjvex != w )       //指针 p 不空且所指表结点不是 w
        p = p->nextarc;
    if ( ! p || ! p->nextarc )          //没找到 w 或 w 是最后一个邻接点
```

```
        return -1;
    else //p->adjvex==w
        return p->nextarc->adjvex;          //返回 v 的(相对于 w 的)下一个邻接顶点的序号
}

//初始条件: 图 G 存在,v 和图中顶点有相同特征
//操作结果: 在图 G 中增添新顶点 v(不增添与顶点相关的弧,留待 InsertArc()去做)
void InsertVex( ALGraph &G, VertexType v )
{
    strcpy( G.vertices[ G.vexnum ].data, v ); //构造新顶点向量
    G.vertices[ G.vexnum ].firstarc = NULL;
    G.vexnum++;                              //图 G 的顶点数加 1
}

//初始条件: 图 G 存在,v 是 G 中某个顶点
//操作结果: 删除 G 中顶点 v 及其相关的弧
bool DeleteVex( ALGraph &G, VertexType v )
{
    int i, j;
    ArcNode *p, *q;
    j = LocateVex( G, v );                   //j 是顶点 v 的序号
    if ( j < 0 ) //v 不是图 G 的顶点
        return false;
    p = G.vertices[ j ].firstarc;            //删除以 v 为出度的弧或边
    while ( p )
    {
        q = p;
        p = p->nextarc;
        if ( G.kind % 2 )                    //网
            delete q->info;
        delete q;
        G.arcnum --;                         //弧或边数减 1
    }
    G.vexnum--;                              //顶点数减 1
    for ( i = j; i < G.vexnum; i++ )         //顶点 v 后面的顶点前移
        G.vertices[ i ] = G.vertices[ i + 1 ];
    for ( i = 0; i < G.vexnum; i++ )
    {   //删除以 v 为入度的弧或边且必要时修改表结点的顶点位置值
        p = G.vertices[ i ].firstarc;        //指向第 1 条弧或边
```

```
        while ( p )
        {   //有弧
            if ( p->adjvex == j )
            {
                if ( p == G.vertices[ i ].firstarc )
                {     //待删结点是第 1 个结点
                    G.vertices[ i ].firstarc = p->nextarc;
                    if ( G.kind % 2 )              //网
                        delete p->info;
                    delete p;
                    p = G.vertices[ i ].firstarc;
                    if ( G.kind < 2 )              //有向
                        G.arcnum--;                //弧或边数减 1
                }
                else
                {
                    q->nextarc = p->nextarc;
                    if ( G.kind % 2 )              //网
                        delete p->info;
                    delete p;
                    p = q->nextarc;
                    if ( G.kind < 2 )              //有向
                        G.arcnum --;               //弧或边数减 1
                }
            }
            else
            {
                if ( p->adjvex > j )
                    p->adjvex--;                   //修改表结点的顶点位置值(序号)
                q = p;
                p = p->nextarc;
            }
        }
    }
    return true;
}

//初始条件: 图 G 存在，v 和 w 是 G 中两个顶点
//操作结果: 在 G 中增添弧<v, w>，若 G 是无向的，则还增添对称弧<w, v>
```

```
bool InsertArc( ALGraph &G, VertexType v, VertexType w )
{
    ArcNode *p;
    int w1, i, j;
    i = LocateVex( G, v );                          //弧尾或边的序号
    j = LocateVex( G, w );                          //弧头或边的序号
    if ( i < 0 || j < 0 )
        return false;
    G.arcnum++;                                     //图 G 的弧或边的数目加 1
    if ( G.kind % 2 )
    {   //网
        cout << "请输入弧(边)<<v<<","<<w<<的权值: ";
        cin >> w1;
    }
    p = new ArcNode;
    p->adjvex = j;
    if( G.kind % 2 )
    {   //网
        p->info = new int;
        *( p->info ) = w1;
    }
    else
        p->info = NULL;
    p->nextarc = G.vertices[ i ].firstarc;          //插在表头
    G.vertices [i ].firstarc = p;
    if ( G.kind >= 2 )
    {   //无向，生成另一个表结点
        p = new ArcNode;
        p->adjvex = i;
        if ( G.kind == 3 )
        {   //无向网
            p->info = new int;
            *( p->info ) = w1;
        }
        else
            p->info = NULL;
        p->nextarc = G.vertices [ j ].firstarc;     //插在表头
        G.vertices[ j ].firstarc = p;
    }
```

```
    return true;
}

//初始条件: 图 G 存在，v 和 w 是 G 中两个顶点
//操作结果: 在 G 中删除弧<v, w>，若 G 是无向的，则还删除对称弧<w, v>
bool DeleteArc( ALGraph &G, VertexType v, VertexType w )
{
    ArcNode *p, *q;
    int i, j;
    i = LocateVex( G, v );                      //i 是顶点 v(弧尾)的序号
    j = LocateVex( G, w );                      //j 是顶点 w(弧头)的序号
    if ( i < 0 || j < 0 || i == j )
        return false;
    p = G.vertices[ i ].firstarc;               //p 指向顶点 v 的第一条出弧
    while ( p && p->adjvex != j )
    {   //p 不空且所指之弧不是待删除弧<v, w>，则 p 指向下一条弧
        q = p;
        p = p->nextarc;
    }
    if ( p && p->adjvex == j )
    {   //找到弧<v,w>
        if ( p == G.vertices[ i ].firstarc )    //p 所指是第 1 条弧
            G.vertices[ i ].firstarc = p->nextarc;  //指向下一条弧
        else
            q->nextarc = p->nextarc;            //指向下一条弧
        if ( G.kind % 2 )                       //网
            delete p->info;
        delete p;                               //释放此结点
        G.arcnum --;                            //弧或边数减 1
    }
    if ( G.kind >= 2 )
    {   //无向，删除对称弧<w, v>
        p = G.vertices[ j ].firstarc;           //p 指向顶点 w 的第一条出弧
        while ( p && p->adjvex != i )
        {   //p 不空且所指之弧不是待删除弧<w, v>，则 p 指向下一条弧
            q = p;
            p = p->nextarc;
        }
        if ( p && p->adjvex == i )
```

```
        {   //找到弧<w,v>
            if ( p == G.vertices[ j ].firstarc )          //p 所指是第 1 条弧
                G.vertices[ j ].firstarc = p->nextarc;        //指向下一条弧
            else
                q->nextarc = p->nextarc;                  //指向下一条弧
            if ( G.kind == 3 )                            //无向网
                delete p->info;
            delete p;                                     //释放此结点
        }
    }
    return true;
}

bool visited[MAX_VERTEX_NUM];                             //访问标志数组(全局量)
void( *VisitFunc )( char* v );                            //函数变量(全局量)

//从第 v 个顶点出发递归地深度优先遍历图 G
void DFS( ALGraph G, int v )
{
    int w;
    visited[ v ] = true;                                  //设置访问标志为 TRUE(已访问)
    VisitFunc( G.vertices[ v ].data );                    //访问第 v 个顶点
    for ( w = FirstAdjVex( G, v ); w >= 0; w = NextAdjVex( G, v, w ) )
        if ( ! visited[ w ] )
            DFS( G, w );                                  //对 v 的尚未访问的邻接点 w 递归调用 DFS
}

//对图 G 作深度优先遍历
void DFSTraverse( ALGraph G, void( *Visit )( char* ) )
{
    int v;
    VisitFunc = Visit;                  //使用全局变量 VisitFunc，使 DFS 不必设函数指针参数
    for ( v = 0; v < G.vexnum; v++ )
        visited[ v ] = false;                             //访问标志数组初始化
    cout << "深度优先遍历的结果是:" << endl;
    for ( v = 0; v < G.vexnum; v++ )
        if ( ! visited[ v ] )
            DFS( G, v );                                  //对尚未访问的顶点调用 DFS
    cout << endl;
}
```

```
typedef int QElemType;                            //队列类型
#include"LinkQueue.h"

//按广度优先非递归遍历图 G。使用辅助队列 Q 和访问标志数组 visited
void BFSTraverse( ALGraph G, void( *Visit )( char* ) )
{
    int v, u, w;
    VertexType u1, w1;
    LinkQueue Q;
    for ( v = 0; v < G.vexnum; v++ )
        visited[ v ] = false;                     //置初值
    InitQueue( Q );                               //置空的辅助队列 Q
    cout << "广度优先遍历的结果是:" << endl;
    for ( v = 0; v < G.vexnum; v++)               //如果是连通图，只 v=0 就遍历全图
        if ( ! visited[ v ] )
        {   //v 尚未访问
            visited[ v ] = true;
            Visit( G.vertices[ v ].data );
            EnQueue( Q, v );                      //v 入队列
            while ( ! QueueEmpty( Q ) )
            {  //队列不空
                DeQueue( Q, v );                  //队头元素出队并置为 u
                for ( w = FirstAdjVex( G, v ); w >= 0; w = NextAdjVex( G, v, w ) )
                    if ( ! visited[ w ] )
                    {   //w 为 u 的尚未访问的邻接顶点
                        visited[ w ] = true;
                        Visit( G.vertices[ w ].data );
                        EnQueue( Q, w );          //w 入队
                    }
            }
        }
    cout << endl;
}

//输出图的邻接矩阵 G
void Display( ALGraph G )
{   //输出图的邻接矩阵 G
    int i;
    ArcNode *p;
```

```
switch ( G.kind )
{
    case DG:
        cout << endl << "该图为有向图,";
        break;
    case DN:
        cout << endl << "该图为有向网,";
        break;
    case UDG:
        cout << endl << "该图为无向图,";
        break;
    case UDN:
        cout << endl << "该图为无向网,";
}
cout << "其中有" << G.vexnum << "个顶点,各顶点值分别为:" << endl;
for ( i = 0; i < G.vexnum; i++ )
    cout << G.vertices[ i ].data << " ";
cout << endl << "该图有" << G.arcnum << "条弧(边),所建邻接表为:" << endl;
for ( i = 0; i < G.vexnum; i++ )
{
    p = G.vertices[ i ].firstarc;
    while ( p )
    {
        if ( G.kind <= 1 )
        {   //有向
            cout << G.vertices[ i ].data << "->" << G.vertices[ p->adjvex ].data;
            if ( G.kind == DN )             //网
                cout << ":" << *( p->info ) << " ";
        }
        else
        {  //无向(避免输出两次)
            cout << G.vertices[ i ].data << "--" << G.vertices[ p->adjvex ].data << "    ";
            if ( G.kind == UDN )            //网
                cout << ":" << *( p->info ) << " ";
        }
        p = p->nextarc;
    }
    cout << endl;
}
```

```
}

#endif
```

基于图的邻接表表示法，在建立了图的存储后，哈密顿图判断的算法主要由 HMDDFS 函数及 HMDTraverse 函数实现，完整的程序还包括了存储显示函数 Display 及主函数等。

哈密顿路径的搜索.cpp 文件如下：

```
#include <iostream>
#include <iomanip>
#include "图抽象类型的实现(邻接表).h"
using namespace std;

//访问函数实体
void print( char *i )
{
    cout << setw( 3 ) << i;
}
typedef int SElemType; //栈类型
#include"SqStack.h"

//从第 v 个顶点出发,深度优先方式(递归)搜索哈密顿路径
void HMDDFS( ALGraph G, int v, int &u, int &count, SqStack &S1, SqStack &S2,
             bool &tag1, bool &tag2 )
{
    visited[ v ] = true;                    //设置访问标志为 TRUE(已访问)
    PushSqStack( S1, v );
    if ( ! tag2 ) PushSqStack( S2, v );
        count++;
    ArcNode *p;
    if ( count < G.vexnum )
    {
        for ( p = G.vertices[ v ].firstarc; p && ! tag1; p = p->nextarc )
            if ( ! visited[ p->adjvex ] )       //对 v 的尚未访问的邻接点 w 递归调用 HMDDFS
                HMDDFS( G, p->adjvex, u, count, S1, S2,tag1, tag2 );
        if ( ! tag1 )
        {
            count--;
            PopSqStack( S1, v );            //回溯
            if ( ! tag2 )
```

```
                PopSqStack( S2, v );
            visited[ v ] = false;
        }

    }
    else
    {
        tag2 = true;                        //找到哈密顿通路
        for ( p = G.vertices[ v ].firstarc; p; p = p->nextarc )
            if ( p->adjvex == u )
            {
                tag1 = true;                //找到哈密顿回路
                PushSqStack( S1, u );
            }
        if( ! tag1 )
        {
            count--;
            PopSqStack( S1, v );        //回溯
            visited[ v ] = false;
        }

    }
}

//对哈密顿图的判断
void HMDSearch( ALGraph G, void( *Visit )( char* ) )
{
    SqStack S1, S2, T;
    InitSqStack( S1, G.vexnum + 1 );    //若图 G 为哈密顿图，栈 s1 存放哈密顿回路
    InitSqStack( S2, G.vexnum + 1 );    //若图 G 为半哈密顿图，栈 s2 存放哈密顿通路
    InitSqStack( T, G.vexnum + 1 );     //T 为辅助栈，用以输出 哈密顿回路或哈密顿通路
    int v;
    for ( v = 0; v < G.vexnum; v++ )
        visited[ v ] = false;           //访问标志数组初始化;
    v = 0;
    int count = 0;
     //若 tag1 为 true，则图 G 是哈密顿图，若 tag2 为 true 则图 G 是半哈密顿图
    bool tag1 = false, tag2 = false;
     //具有哈密顿回路的图为哈密顿图，因此，v 既是源点，也是终点
```

```
    HMDDFS( G, v, v, count, S1, S2, tag1, tag2 );
    if( tag1 )
    {
        cout << endl << "该图为哈密顿图，一条哈密顿回路为:" << endl;
        while ( ! SqStackEmpty( S1 ) )
        {
            PopSqStack( S1, v );
            PushSqStack( T, v );
        }
        while ( ! SqStackEmpty( T ) )
        {
            PopSqStack( T, v );
            Visit( G.vertices[ v ].data );
        }
    }
    else
    { //在图 G 非哈密顿图的情况下，依次从每一顶点出发探测哈密顿通路
        for ( v = 1; ! tag2 && v < G.vexnum; v++)
            HMDDFS(G, v, v, count, S1, S2, tag1, tag2);
        if ( tag2 )
        {
            cout << endl << "该图为半哈密顿图，一条哈密顿通路为:" << endl;
            while ( ! SqStackEmpty( S2 ) )
            {
                PopSqStack( S2, v );
                PushSqStack( T, v );
            }
            while ( ! SqStackEmpty( T ) )
            {
                PopSqStack( T, v );
                Visit( G.vertices[ v ].data );
            }
        }
        else
            cout << endl << "该图不是哈密顿图。" << endl;
    }
    cout << endl;
}
```

```
int main()
{
    ALGraph g;
    CreateGraph( g );
    Display( g );
    HMDSearch( g, print );
    cout << endl;
    system( "pause" );
    return 0;
}
```

5.2.4 调试分析

图抽象类型的实现“邻接表.h”文件，定义了图的存储结构，并基于图的存储结构实现了关于图的各个基本操作。为完整起见，除实现了 CreateGraph、LocateVer、GetVex 等课程设计相关函数，还描述了 DFSTraverse(深度优先遍历)、BFSTraverse(广度优先遍历)等操作，供读者在实现图的其它应用时复用。

在哈密顿路径搜索的 HMDSearch 及 HMDDFS 算法中，除了用以判断给定图是否哈密顿图外，还描述了求解哈密顿通路的过程。对于一个连通图来说，若它是哈密顿图，则无论从哪个顶点出发，总能找到哈密顿环；而若它仅是半哈密顿图，则可能需要从所有顶点出发验证。

哈密顿路径搜索的 HMDTraverse 及 HMDDFS 算法借助了深度优先遍历的策略，该策略的实质是用回溯法以“暴力”的方式搜索。对于具有 n 个顶点的图而言，算法的时间复杂度最坏情况下为 O(n!)。

可以用贪心法对算法进行优化，如果将算法修改为依照顶点的度(从小到大)依次从与 u 邻接且未被访问过的邻接点出发进行深度优先搜索，则若图是哈密顿图，算法的时间复杂度仅为 $O(n^2)$，当然若图不是哈密顿图，算法依旧对所有的路径进行了枚举，时间复杂度仍为 O(n!)。

5.2.5 测试运行结果及用户手册

本程序经 VC++ 及 Dev C++ 等编译器编译，运行环境为 Windows 操作系统，执行文件名为“哈密顿路径的搜索).exe”，进入程序运行后即交互显示文本方式的用户界面，用户使用过程可参照提示进行。

用户手册略。

测试 1(图 5.4(a))，运行结果如下：

```
(请输入图的类型(0:有向图,1:有向网，2:无向图,3:无向网)：2
请输入图的顶点数目，边或弧的数目：10 14


请输入 10 个顶点的值(小于 3 个字符):
A B C D E F G H J K
```

```
请顺序输入每条弧(边)的弧尾和弧头：
A B
A D
A E
B F
B G
C F
C G
C K
D G
D H
E K
G J
H J
J K

该图为无向图，其中有 10 个顶点，各顶点值分别为：
A B C D E F G H J K

该图有 14 条弧(边)，所建邻接表为：
A—E   A—D   A—B
B—G   B—F   B—A
C—K   C—G   C—F
D—H   D—G   D—A
E—K   E—A
F—C   F—B
G—J   G—D   G—C   G—B
H—J   H—D
J—K   J—H   J—G
K—J   K—E   K—C

该图为哈密顿图，一条哈密顿回路为：
   A   E   K   J   H   D   G   C   F   B   A

请按任意键继续...
```

测试 2(图 5.4(b))，运行结果如下：

```
(请输入图的类型(0:有向图,1:有向网,2:无向图,3:无向网)：2
```

```
请输入图的顶点数目,边或弧的数目：11 16

请输入 11 个顶点的值(小于 3 个字符)：
A B C D E F G H I J K

请顺序输入每条弧(边)的弧尾和弧头：
A B
A K
B C
B D
B E
C F
C G
D G
D H
E K
F I
G I
G J
H J
I K
J K

该图为无向图，其中有 11 个顶点，各顶点值分别为：
A B C D E F G H I J K

该图有 16 条弧(边)，所建邻接表为：
A—K   A—B
B—E   B—D   B—C   B—A
C—G   C—F   C—B
D—H   D—G   D--B
E—K   E—B
F—I   F—C
G—J   G—I   G—D   G—C
H—J   H—D
I—K   I—G   I—F
J—K   J—H   J—G
K—J   K—I   K—E   K—A
```

```
该图为半哈密顿图，一条哈密顿通路为：
  A  K  J  H  D  G  I  F  C  B  E

请按任意键继续...
```

测试 3(图 5.4(c))，运行结果如下：

```
(请输入图的类型(0:有向图，1：有向网，2：无向图，3：无向网)：2
 请输入图的顶点数目，边或弧的数目：6 8

 请输入 6 个顶点的值(小于 3 个字符)：
 A B C D E F

 请顺序输入每条弧(边)的弧尾和弧头：
 A B
 A C
 A D
 A E
 B F
 C F
 D F
 E F
 该图为无向图，其中有 6 个顶点，各顶点值分别为：
 A B C D E F
 该图有 8 条弧(边)，所建邻接表为：
 A—E  A—D  A—C  A—B
 B—F  B—A
 C—F  C—A
 D—F  D—A
 E—F  E—A
 F—E  F—D  F—C  F—B
 该图不是哈密顿图。

 请按任意键继续. . .
```

5.2.6　附录

源程序文件名清单：

(1) SqStack.h(顺序栈)。

(2) LinkQueue.h(链队列)。

(3) 图抽象类型的实现(邻接表).h。

(4) 哈密顿路径的搜索.cpp。

设计题 5.3　欧拉图的判断

讲解视频

5.3.1　需求分析

欧拉图问题源于著名的哥尼斯堡七桥问题：通过图中所有边一次且仅一次行遍图中所有顶点的通路称为欧拉通路，通过图中所有边一次且仅一次行遍所有顶点的回路称为欧拉回路。具有欧拉回路的图称为欧拉图(Euler Graph)，具有欧拉通路而无欧拉回路的图称为半欧拉图。

类似于哈密顿图，欧拉图也是关于连通图的问题，不同的是，哈密顿图是关于顶点的通路问题，而欧拉图是关于边的通路问题。

如图 5.6 所示，图 5.6(a)存在欧拉回路：A→C，C→E，E→D，D→C，C→B，B→D，D→A，是一欧拉图。图 5.6(b)不存在欧拉回路但存在欧拉通路：B→A，A→C，C→B，B→D，D→C，是一半欧拉图。图 5.6(c)既不存在欧拉回路也不存在欧拉通路，不是欧拉图。

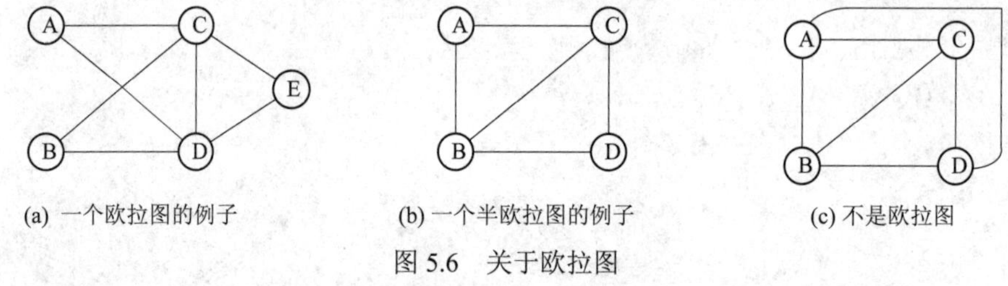

图 5.6　关于欧拉图

5.3.2　概要设计

类似于哈密顿图的搜索，欧拉图的判断算法也可借助于图的深度优先搜索策略描述。借助辅助工作栈，初始各边均设置为未被访问状态 false，计数器 count = 0，用深度优先搜索策略判断欧拉图的递归算法大致如下：

(1) 从图中某个顶点出发，依次搜索与该顶点相关联且未访问过的边，若存在，则该边入栈，设置该边访问状态为 true 且 count++。

(2) 从当前访问边中的另一邻接点出发，在 count 小于图中边的数目且栈不空时重复(1)、(2)两步骤，递归地深度优先搜索图，直至当前顶点的所有邻接边都已被访问。

(3) 若此时 count 小于图中边的数目，或 count 等于图中边的数目但源点不是当前边中的另一邻接点(已可做欧拉通路的判断)，则 count−−、重置当前边的访问状态为 false、退栈(回溯)，返回到步骤(1)，搜索与当前顶点相关联且未被访问过的下一条边。

执行以上步骤，直至 count 等于图中的边数且源点是当前边中另一邻接点，则该图存在欧拉回路，是欧拉图；或栈空，则该图不是欧拉图。

5.3.3　详细设计

应用图的深度优先搜索策略判断欧拉图是否存在的算法是基于边的搜索策略，由于在图的邻接多重表表示法中每个表结点唯一对应一条边(在邻接表中一条边有两个表结点)，且在表结点的结构中可设置访问标志域(mark)，故操作效果效率较好。因此，程序设计选用邻接多重表表示法作为图的存储结构，并在此基础上实现图的抽象数据类型及欧拉图的判断算法。

以图 5.6(a)为例，图的邻接多重表存储表示如图 5.7 所示。

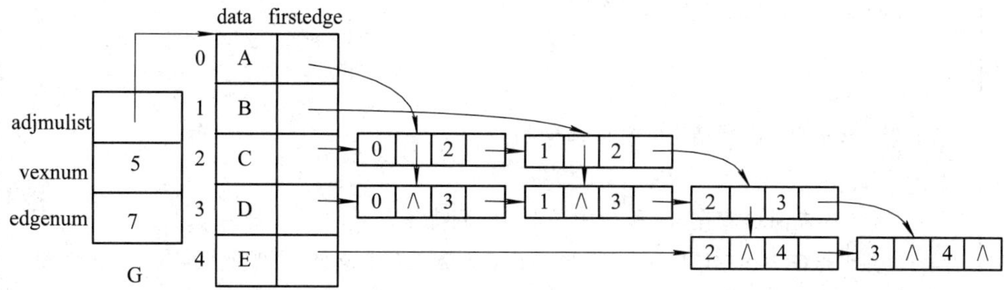

图 5.7　图的邻接多重表存储结构

图抽象类型的实现“邻接多重表.h”文件如下：

```
#ifndef _graph_H_
#define _graph_H_

#define MAX_NAME 3              //顶点字符串的最大长度+1
#define MAX_INFO 20             //最大相关信息字符数
typedef char InfoType;
typedef char VertexType[MAX_NAME];
#define MAX_VERTEX_NUM 20
using namespace std;

typedef enum { UDG, UDN } GraphKind;

//邻接多重表表结点结构
struct EBox {
    bool mark;                  //访问标记
    int ivex, jvex;             //该边依附的两个顶点的位置
    EBox *ilink, *jlink;        //分别指向依附这两个顶点的下一条边
    InfoType *info;             //该边信息指针
};
```

```
//邻接多重表表顶点结构
struct VexBox {
    VertexType data;
    EBox *firstedge;            //指向第一条依附该顶点的边
}VexBox;

//图的邻接多重表存储结构
struct AMLGraph {
    struct VexBox adjmulist[ MAX_VERTEX_NUM ];
    int vexnum, edgenum;        //图的当前顶点数和弧数
    GraphKind kind;             //图的种类标志
};

//以下为邻接多重表存储结构下图的基本操作实现

//初始条件: 无向图 G 存在，u 和 G 中顶点有相同特征
//操作结果: 若 G 中存在顶点 u，则返回该顶点在无向图中位置；否则返回-1
int LocateVex( AMLGraph G, VertexType u )
{
    int i;
    for ( i = 0; i < G.vexnum; i++ )
        if ( strcmp( u, G.adjmulist[ i ].data ) == 0 )
            return i;
    return -1;
}

//采用邻接多重表存储结构,构造无向图 G
void CreateGraph( AMLGraph &G )
{
    int i, j, k, l, IncInfo;
    char s[ MAX_INFO ];
    VertexType va, vb;
    EBox *p;
    cout << "请输入无向图 G 的顶点数,边数,边是否含其它信息(是:1，否:0)"
        <<"(用空格分隔):";
    cin >> G.vexnum >> G.edgenum >> IncInfo;
    cout << "请输入" << G.vexnum << "个顶点的值(小于" << MAX_NAME
        << "个字符，用空格分隔)：" << endl;
    for ( i = 0; i < G.vexnum; ++i )
```

```
    {   //构造顶点向量
        cin >> G.adjmulist[ i ].data;
        G.adjmulist[ i ].firstedge = NULL;
    }
    cout << "请顺序输入每条边的两个端点(用空格分隔):" << endl;
    for ( k = 0; k < G.edgenum; k++ )
    { //构造表结点链表
        cin >> va >> vb;                          //%*c 吃掉回车符
        i = LocateVex( G, va );                   //一端
        j = LocateVex( G, vb );                   //另一端
        p = new EBox;
        p->mark = false;                          //设初值
        p->ivex = i;
        p->jvex = j;
        p->info = NULL;
        p->ilink = G.adjmulist[ i ].firstedge;    //插在表头
        G.adjmulist[ i ].firstedge = p;
        p->jlink = G.adjmulist[ j ].firstedge;    //插在表头
        G.adjmulist[ j ].firstedge = p;
        if ( IncInfo )
        {   //边有相关信息
            cout << "请输入该弧的相关信息(<" << MAX_VERTEX_NUM << "个字符)：";
            gets( s );
            l = strlen( s );
            if( l )
            {
                p->info = new char[ l + 1 ];
                strcpy( p->info, s );
            }
        }
    }
    cout << endl;
}

//初始条件: 无向图 G 存在，v 是 G 中某个顶点的序号。操作结果: 返回 v 的值
VertexType& GetVex( AMLGraph G, int v )
{
    if ( v >= G.vexnum || v < 0 )
        exit( false );
```

```
    return G.adjmulist[ v ].data;
}

//初始条件: 无向图 G 存在，v 是 G 中某个顶点
//操作结果: 对 v 赋新值 value
bool PutVex( AMLGraph &G, VertexType v, VertexType value )
{
    int i;
    i = LocateVex( G, v );
    if ( i < 0 ) //v 不是 G 的顶点
        return false;
    strcpy( G.adjmulist[ i ].data, value );
    return true;
}

//初始条件: 无向图 G 存在，v 是 G 中某个顶点
//操作结果: 返回 v 的第一个邻接顶点的序号。若顶点在 G 中没有邻接顶点，则返回 –1
int FirstAdjVex( AMLGraph G, int v )
{
    if ( v < 0 )
        return -1;
    if ( G.adjmulist[ v ].firstedge ) //v 有邻接顶点
        if ( G.adjmulist[ v ].firstedge->ivex == v )
            return G.adjmulist[ v ].firstedge->jvex;
        else
            return G.adjmulist[ v ].firstedge->ivex;
    return -1;
}

//初始条件: 无向图 G 存在，v 是 G 中某个顶点，w 是 v 的邻接顶点
//操作结果: 返回 v 的(相对于 w 的)下一个邻接顶点的序号。
//          若 w 是 v 的最后一个邻接点，则返回-1
int NextAdjVex( AMLGraph G, int v, int w )
{
    EBox *p;
    if ( v < 0 || w < 0 )              //v 或 w 不是 G 的顶点
        return -1;
    p = G.adjmulist[ v ].firstedge; //p 指向顶点 v 的第 1 条边
    while ( p )
```

```
        if ( p->ivex == v && p->jvex != w )              //不是邻接顶点 w(情况 1)
            p = p->ilink;                                //找下一个邻接顶点
        else if ( p->jvex == v && p->ivex != w )         //不是邻接顶点 w(情况 2)
            p = p->jlink;                                //找下一个邻接顶点
        else //是邻接顶点 w
            break;
    if ( p && p->ivex == v && p->jvex == w )
    { //找到邻接顶点 w(情况 1)
        p = p->ilink;
        if ( p && p->ivex == v )
            return p->jvex;
        else if ( p && p->jvex == v )
            return p->ivex;
    }
    if ( p && p->jvex == v && p->ivex == w )
    {   //找到邻接顶点 w(情况 2)
        p = p->jlink;
        if ( p && p->ivex == v )
            return p->jvex;
        else if ( p && p->jvex == v )
            return p->ivex;
    }
    return -1;
}

//初始条件: 无向图 G 存在，v 和 G 中顶点有相同特征
//操作结果: 在 G 中增添新顶点 v(不增添与顶点相关的弧,留待 InsertArc()去做)
bool InsertVex( AMLGraph &G, VertexType v )
{
    if ( G.vexnum == MAX_VERTEX_NUM )       //结点已满，不能插入
        return false;
    if ( LocateVex( G, v ) >= 0 )              //结点已存在，不能插入
        return false;
    strcpy( G.adjmulist[ G.vexnum ].data, v );
    G.adjmulist[ G.vexnum ].firstedge = NULL;
    G.vexnum++;
    return true;
}
```

```
//初始条件: 无向图 G 存在，v 和 w 是 G 中两个顶点
//操作结果: 在 G 中删除弧<v,w>
bool DeleteArc( AMLGraph &G, VertexType v, VertexType w )
{
    int i, j;
    EBox *p, *q;
    i = LocateVex( G, v );
    j = LocateVex( G, w );
    if ( i < 0 || j < 0|| i == j )
        return false;                           //图中没有该点或弧
    //以下使指向待删除边的第 1 个指针绕过这条边
    p = G.adjmulist[ i ].firstedge;             //p 指向顶点 v 的第 1 条边
    if ( p && p->jvex == j )                    //第 1 条边即为待删除边(情况 1)
        G.adjmulist[ i ].firstedge = p->ilink;
    else if ( p && p->ivex == j )               //第 1 条边即为待删除边(情况 2)
        G.adjmulist[ i ].firstedge = p->jlink;
    else
    {   //第 1 条边不是待删除边
        while ( p )                             //向后查找弧<v,w>
            if ( p->ivex == i && p->jvex != j )
            { //不是待删除边
                q = p;
                p = p->ilink;                   //找下一个邻接顶点
            }
            else if ( p->jvex == i && p->ivex != j )
            { //不是待删除边
                q = p;
                p = p->jlink;                   //找下一个邻接顶点
            }
            else                                //是邻接顶点 w
                break;
        if ( ! p )                              //没找到该边
            return false;
        if ( p->ivex == i && p->jvex == j )  //找到弧<v,w>(情况 1)
            if ( q->ivex == i )
                q->ilink = p->ilink;
            else
                q->jlink = p->ilink;
        else if ( p->ivex == j && p->jvex == i ) //找到弧<v,w>(情况 2)
```

```
            if ( q->ivex == i )
                q->ilink = p->jlink;
            else
                q->jlink = p->jlink;
    }
    //以下由另一顶点起找待删除边且删除之
    p = G.adjmulist[ j ].firstedge;          //p 指向顶点 w 的第 1 条边
    if ( p->jvex == i )
    {   //第 1 条边即为待删除边(情况 1)
        G.adjmulist[ j ].firstedge = p->ilink;
        if ( p->info )                      //有相关信息
            delete p->info;
        delete p;
    }
    else if ( p->ivex == i )
    {   //第 1 条边即为待删除边(情况 2)
        G.adjmulist[ j ].firstedge = p->jlink;
        if ( p->info )                      //有相关信息
            delete p->info;
        delete p;
    }
    else
    {   //第 1 条边不是待删除边
        while ( p )                         //向后查找弧<v,w>
            if ( p->ivex == j && p->jvex != i )
            {                               //不是待删除边
                q = p;
                p = p->ilink;               //找下一个邻接顶点
            }
            else if ( p->jvex == j && p->ivex != i )
            {   //不是待删除边
                q = p;
                p = p->jlink;               //找下一个邻接顶点
            }
            else                            //是邻接顶点 v
                break;
        if ( p->ivex == i && p->jvex == j )
        {   //找到弧<v,w>(情况 1)
            if ( q->ivex == j )
```

```
                q->ilink = p->jlink;
            else
                q->jlink = p->jlink;
            if ( p->info )                  //有相关信息
                delete p->info;
            delete p;
        }
        else if ( p->ivex == j && p->jvex == i )
        {   //找到弧<v,w>(情况 2)
            if ( q->ivex == j )
                q->ilink = p->ilink;
            else
                q->jlink = p->ilink;
            if ( p->info )                  //有相关信息
                delete p->info;
            delete p;
        }
    }
    G.edgenum--;
    return true;
}

//初始条件: 无向图 G 存在，v 是 G 中某个顶点
//操作结果: 删除 G 中顶点 v 及其相关的边
bool DeleteVex( AMLGraph &G, VertexType v )
{
    int i, j;
    VertexType w;
    EBox *p;
    i = LocateVex( G, v );                  //i 为待删除顶点的序号
    if ( i < 0 )
        return false;
    for ( j = 0; j < G.vexnum; j++ )
    {   //删除与顶点 v 相连的边(如果有的话)
        if ( j == i )
            continue;
        strcpy( w, GetVex( G, j ) );        //w 是第 j 个顶点的值
        DeleteArc( G, v, w);
    }
```

```
    for ( j = i + 1; j < G.vexnum; j++ )          //排在顶点 v 后面的顶点的序号减 1
        G.adjmulist[ j - 1 ] = G.adjmulist[ j ];
    G.vexnum--;                                    //顶点数减 1
    for ( j = i; j < G.vexnum; j++ )
    {   //修改顶点的序号
        p = G.adjmulist[ j ].firstedge;
        while ( p )
        {
            if ( p->ivex == j + 1 )
            {
                p->ivex--;
                p = p->ilink;
            }
            else
            {
                p->jvex--;
                p = p->jlink;
            }
        }
    }
    return true;
}
//操作结果: 销毁图 G
void DestroyGraph( AMLGraph &G )
{
    int i;
    for ( i = G.vexnum - 1; i >= 0; i-- )
        DeleteVex( G, G.adjmulist[ i ].data );
}

//初始条件: 无向图 G 存在，v 和 W 是 G 中两个顶点
//操作结果: 在 G 中增添弧<v,w>
bool InsertArc( AMLGraph &G, VertexType v, VertexType w )
{
    int i, j, l, IncInfo;
    char s[ MAX_INFO ];
    EBox *p;
    i = LocateVex( G, v );              //一端
    j = LocateVex( G, w );              //另一端
```

```
    if ( i < 0 || j < 0 )
        return false;
    p = new EBox;
    p->mark = false;
    p->ivex = i;
    p->jvex = j;
    p->info = NULL;
    p->ilink = G.adjmulist[ i ].firstedge;              //插在表头
    G.adjmulist[ i ].firstedge = p;
    p->jlink = G.adjmulist[ j ].firstedge;              //插在表头
    G.adjmulist[ j ].firstedge = p;
    cout << "该边是否有相关信息(1:有  0:无): ";
    cin >> IncInfo;                                     //%*c 吃掉回车符
    if ( IncInfo )
    {   //该边有相关信息
        cout << "请输入该边的相关信息(<" << MAX_INFO << "个字符)：";
        gets( s );
        l = strlen( s );
        if ( l )
        {
            p->info = new char[ l + 1 ];
            strcpy( p->info, s );
        }
    }
    G.edgenum++;
    return true;
}
bool visite[ MAX_VERTEX_NUM ];              //访问标志数组(全局量)
void( *VisitFunc )( VertexType v );

//深度优先遍历图 G 的递归过程
 void DFS( AMLGraph G, int v )
 {
    int j;
    EBox *p;
    VisitFunc( G.adjmulist[ v ].data );
    visite[ v ] = true;
    p = G.adjmulist[ v ].firstedge;
    while ( p )
```

```
    {
        j = p->ivex == v ? p->jvex : p->ivex;
        if ( ! visite[ j ] )
            DFS( G, j );
        p = p->ivex == v ? p->ilink : p->jlink;
    }
}

//初始条件: 图 G 存在，Visit 是顶点的应用函数。
//操作结果: 从第 1 个顶点起，深度优先遍历图 G，并对每个顶点调用函数 Visit
//          一次且仅一次。一旦 Visit()失败，则操作失败
void DFSTraverse( AMLGraph G, void( *visit )( VertexType ) )
{
    int v;
    VisitFunc = visit;
    for ( v = 0; v < G.vexnum; v++ )
        visite[ v ] = false;
    for ( v = 0; v < G.vexnum; v++ )
        if ( ! visite[v] )
            DFS( G, v );
    cout << endl;
}

typedef int QElemType;                  //队列类型
#include"LinkQueue.h"

 //初始条件: 图 G 存在，Visit 是顶点的应用函数
 //操作结果: 从第 1 个顶点起，按广度优先非递归遍历图 G，并对每个顶点调用函数
 //          Visit 一次且仅一次。一旦 Visit()失败，则操作失败。
 //          使用辅助队列 Q 和访问标志数组 visite
void BFSTraverse( AMLGraph G, void( *Visit )( VertexType ) )
{
    int v, u, w;
    VertexType w1, u1;
    LinkQueue Q;
    for ( v = 0; v < G.vexnum; v++ )
        visite[ v ] = false;        //置初值
    InitQueue( Q );                 //置空的辅助队列 Q
    for( v = 0; v < G.vexnum; v++ )
```

```
    {
        if ( ! visite[ v ] )
        {   //v 尚未访问
            visite[ v ] = true;              //设置访问标志为 TRUE(已访问)
            Visit( G.adjmulist[ v ].data );
            EnQueue( Q, v );                 //v 入队列
            while ( ! QueueEmpty( Q ) )
            {   //队列不空
                DeQueue( Q, u );             //队头元素出队并置为 u
                //strcpy(u1,GetVex(G,u));
                for ( w = FirstAdjVex( G, u ); w >= 0; w = NextAdjVex( G, u, w ) )
                {
                    if ( ! visite[ w ] )
                    { //w 为 u 的尚未访问的邻接顶点的序号
                        visite[ w ] = true;
                        Visit( G.adjmulist[ w ].data );
                        EnQueue( Q, w );
                    }
                }
            }
        }
    }
    cout << endl;
}

//设置所有边的访问标记为未被访问
void MarkUnvizited( AMLGraph G )
{
    int i;
    EBox *p;
    for ( i = 0; i < G.vexnum; i++ )
    {
        p = G.adjmulist[ i ].firstedge;
        while ( p )
        {
            p->mark = false;
            if ( p->ivex == i )
                p = p->ilink;
            else
```

```
                    p = p->jlink;
            }
        }
}
//输出无向图的邻接多重表 G
void Display( AMLGraph G )
{
    int i;
    EBox *p;
    MarkUnvizited( G );                    //置边的访问标记为未被访问
    cout << "该图有" << G.vexnum << "个顶点:";
    for ( i = 0; i < G.vexnum; ++i )
        cout << G.adjmulist[i].data << " ";

    cout << endl << G.edgenum << "条边:" << endl;
    for ( i = 0; i < G.vexnum; i++ )
    {
        p = G.adjmulist[ i ].firstedge;
        while ( p )
            if ( p->ivex == i )
            {   //边的 i 端与该顶点有关
                if ( ! p->mark )
                {   //只输出一次
                    cout << G.adjmulist[ i ].data << "－"
                         << G.adjmulist[ p->jvex ].data << "   ";
                    p->mark = true;
                    if ( p->info )          //输出附带信息
                        cout << "相关信息:" << p->info << "   ";
                }
                p = p->ilink;
            }
            else{ //边的 j 端与该顶点有关
                if ( ! p->mark )
                {   //只输出一次
                    cout << G.adjmulist[ p->ivex ].data
                         << "－" << G.adjmulist[ i ].data << "   ";
                    p->mark = true;
                    if ( p->info )          //输出附带信息
                        cout << "相关信息:" << p->info << "   ";
```

```
                }
                p = p->jlink;
            }
            cout<<endl;
        }
    }

# endif
```

基于图的邻接多重表表示法，欧拉图的判断算法主要由 OLSearch 函数(欧拉图的判断)、OLDFS 函数(搜索欧拉回路)、HalfOLDFS 函数(搜索欧拉通路)实现，完整的程序还包括了显示函数 Display 及主函数等。

欧拉图的判断.cpp 文件如下：

```
#include <iostream>
#include "图抽象类型的实现(邻接多重表).h"
using namespace std;

void print( char *i )//输出函数
{
    cout << i;
}

typedef EBox * SElemType; //栈类型
#include"SqStack.h"

//从第 v 个顶点出发递归地深度优先搜索欧拉路径
void OLDFS( AMLGraph &G, int v, int &u, int &count, SqStack &S, bool &tag)
{
    EBox *p;
    if ( count < G.edgenum )
    {
        p = G.adjmulist[ v ].firstedge;
        while ( ! tag && p )
        {
            if ( ! p->mark )
            {
                PushSqStack( S, p );
                p->mark = true;
                count++;
                if ( v == p->ivex )
```

```
                { //对 v 的尚未访问的邻接点递归调用 OLDFS
                    OLDFS( G, p->jvex, u, count, S, tag );
                    if ( ! tag )
                    {   //若未搜索到欧拉回路，则还原到上一级
                        count--;
                        PopSqStack( S, p );
                        p->mark = false;
                        if ( p->ivex == v ) //在上一级中再找下一邻接点
                            p = p->ilink;
                        else
                            p = p->jlink;
                    }
                }
                else
                { //对 v 的尚未访问的邻接点递归调用 OLDFS
                    OLDFS( G, p->ivex, u, count, S, tag );
                    if ( ! tag )
                    {   //若未搜索到欧拉回路，则还原到上一级
                        count--;
                        PopSqStack( S, p );
                        p->mark = false;
                        if ( p->ivex == v )     //在上一级中再找下一邻接点
                            p = p->ilink;
                        else
                            p = p->jlink;
                    }
                }
            }
            else
                if ( v == p->ivex )
                    p = p->ilink;
                else
                    p = p->jlink;
        }
    }
    else if ( count == G.edgenum && v == u )
        tag = true;
}
```

```
//从第 v 个顶点出发递归地深度优先搜索欧拉通径
void HalfOLDFS( AMLGraph &G, int v, int &count, SqStack &S, bool &tag )
{
    EBox *p;
    if ( count < G.edgenum )
    {
        p = G.adjmulist[ v ].firstedge;
        while ( ! tag && p )
            if ( ! p->mark )
            {
                PushSqStack( S, p );
                p->mark = true;
                count++;
                if ( v == p->ivex )
                {   //对 v 的尚未访问的邻接点 p->jvex 递归调用 HalfOLDFS
                    HalfOLDFS( G, p->jvex, count, S, tag );
                    if ( ! tag )
                    {   //若未搜索到欧拉通路，则还原到上一级
                        count--;
                        PopSqStack( S, p );
                        p->mark = false;
                        if ( p->ivex == v )     //在上一级中再找下一邻接点
                        p = p->ilink;
                    else
                        p = p->jlink;
                    }
            }
                else
                {   //对 v 的尚未访问的邻接点 p->ivex 递归调用 HalfOLDFS
                    HalfOLDFS( G, p->ivex, count, S, tag );
                    if ( ! tag )
                    {   //若未搜索到欧拉通路，则还原到上一级
                        count--;
                        PopSqStack( S, p );
                        p->mark = false;
                        if ( p->ivex == v )     //在上一级中再找下一邻接点
                            p = p->ilink;
                    else
                        p = p->jlink;
```

```
                    }
                }
            }
            else
            {
                if ( v == p->ivex )
                    p = p->ilink;
                else
                    p = p->jlink;
            }

        }
        else
            tag = true;
}

//对图 G 作欧拉图的判断
void OLSearch( AMLGraph G, void( *Visit )( char* ) )
{
        SqStack S, T;
        EBox *p;
        InitSqStack( S, G.edgenum );
        InitSqStack( T, G.edgenum );
        int v = 0;
        int count = 0;
        bool tag = false;
        OLDFS( G, v, v, count, S, tag);                    //对于欧拉环而言，v 是源点，也是终点
        if ( tag )
        {
            cout << "该图为欧拉图。" << endl;
            cout << "一条可能的欧拉回路是:" << endl;
        }
        else
        {
            for ( v = 0; ! tag && v < G.vexnum; v++ )
                HalfOLDFS( G, v, count, S, tag );      //v 是源点，不设终点
            if ( tag )
            {
                cout << "该图为半欧拉图。" << endl;
```

```
            cout << "一条可能的欧拉通路是:" << endl;
            v--;
        }
    }
    if ( ! SqStackEmpty( S ) )
    {
        while ( ! SqStackEmpty( S ) )
        {
            PopSqStack( S, p );
            PushSqStack( T, p );
        }
        while ( ! SqStackEmpty( T ) )
        {
            PopSqStack( T, p );
            if ( p->ivex == v )
            {
                Visit( G.adjmulist[ p->ivex ].data );
                cout << "-->";
                Visit( G.adjmulist[ p->jvex ].data );
                v = p->jvex;
            }
            else
            {
                Visit( G.adjmulist[ p->jvex ].data );
                cout << "-->";
                Visit( G.adjmulist[ p->ivex ].data );
                v = p->ivex;
            }
            cout << "    ";
        }
        cout << endl << endl;
    }
    else
        cout << "该图不是欧拉图。" << endl;
}

int main()
{
    AMLGraph g;
```

```
    CreateGraph( g );
    Display( g );
    MarkUnvizited( g );
    OLSearch( g, print );

    system( "pause" );
    return 0;
}
```

5.3.4 调试分析

图抽象类型的实现“邻接多重表.h”文件，定义了图的存储结构，并基于图的存储结构实现了关于图的各个基本操作。为完整起见，除实现了 CreateGraph、LocateVer、GetVex 等课程设计使用到的相关函数，还描述了 DFSTraverse、BFSTraverse 等操作，供读者在实现图的其它应用时复用。

欧拉图的判断算法，除包括搜索欧拉回路的 OLDFS 函数外，还描述了求解欧拉通路的 HalfOLDFS 函数。对于一个连通图来说，若它是欧拉图，则无论从哪个顶点出发，总能找到欧拉回路；若它仅是半欧拉图，则可能需要从所有顶点出发验证。

OLDFS 及 HalfOLDFS 算法借助了深度优先遍历的策略，用回溯法的方式搜索。对于具有 e 条边的图而言，算法的时间复杂度最坏情况下为 O(e!)。

性质 1：无向连通图 G 是欧拉图，当且仅当 G 不含奇数度结点。

性质 2：无向连通图 G 含有欧拉通路，当且仅当 G 有零个或两个奇数度的结点。

对算法可进行优化，结合关于欧拉图的两个性质，对给定的图统计顶点的度、并进行度的判断，当图中没有奇数度的顶点点时为欧拉图，当 G 仅有两个奇数度的顶点点时为半欧拉图。此外，当无向连通图 G 是欧拉图时，若依据顶点的度(从小到大)，依次从与 u 邻接且未被访问过的邻接边出发进行深度优先搜索，则算法的时间复杂度可优化为 $O(e^2)$。

5.3.5 测试运行结果及用户手册

程序经 VC++ 及 Dev C++ 等编译器编译，运行环境为 Windows 操作系统，执行文件名为欧拉图的判断 .exe，进入程序运行后即交互显示文本方式的用户界面，用户使用过程可参照提示进行。

用户手册略。

测试 1(图 5.6(a))，运行结果如下：

```
请输入无向图 G 的顶点数，边数，边是否含其它信息(是：1，否：0)(用空格分隔)：5 7 0
请输入 5 个顶点的值(小于 3 个字符，用空格分隔)：
A B C D E F
请顺序输入每条边的两个端点(用空格分隔)：
A C
A D
```

```
B C
B D
C D
C E
D E
该图有 5 个顶点：A B C D E
7 条边：
A—D   A—C
B—D   B—C
C—E   C—D
D—E

该图为欧拉图。
一条可能的欧拉回路是：
A-->D   D-->E   E-->C   C-->D   D→B   B→C   C→A

请按任意键继续. . .
```

测试 2(图 5.6(b))，运行结果如下：

```
请输入无向图 G 的顶点数，边数，边是否含其它信息(是：1，否：0)(用空格分隔)：4 5 0
请输入 4 个顶点的值(小于 3 个字符，用空格分隔)：
A B C D
请顺序输入每条边的两个端点(用空格分隔)：
A B
A C
B C
B D
C D
该图有 4 个顶点：A B C D
5 条边：
A—C   A—B
B—D   B—C
C—D

该图为半欧拉图。
一条可能的欧拉通路是：
B-->D   D-->C   C-->B   B→A   A→C

请按任意键继续...
```

测试 3(图 5.6(c))，运行结果如下：

```
请输入无向图 G 的顶点数，边数，边是否含其它信息(是：1，否：0)(用空格分隔)：4 6 0
请输入 4 个顶点的值(小于 3 个字符，用空格分隔)：
A B C D
请顺序输入每条边的两个端点(用空格分隔)：
A B
A C
A D
B C
B D
C D

该图有 5 个顶点：A B C D
7 条边：
A—D   A—C   A--B
B—D   B—C
C—D

该图不是欧拉图。

请按任意键继续...
```

5.3.6　附录

源程序文件名清单：

(1) SqStack.h(顺序栈)。

(2) LinkQueue.h(链队列)。

(3) 图抽象类型的实现(邻接多重表).h。

(4) 欧拉图的判断.cpp。

5.3.1　5.3.2　5.3.3　5.3.4

练 习 题 5

1. 教学计划编制问题

【问题描述】

假设任何专业都有固定的学习年限，每学年有两个学期，每学期的时间长度和学分的上限值都相等，每个专业的课程都是确定的且课程的开设时间须满足先修关系，试按照拓扑次序制订教学计划。

【设计要求】

(1) 以十字链表做存储结构，实现图的抽象数据类型。

(2) 输入参数包括：学期总数、一学期的学分上限、每门课的课程号(字母数字串)、学分及直接先修课的课程号。

(3) 描述两种排课模式：学生在每一学期的学习负担尽量均匀或学生的课程学习在学分上限限制下尽可能集中在前几学期。

2. 校园导游咨询

【问题描述】

设计一校园导游程序，为来访的客人提供各种信息查询服务。

【设计要求】

(1) 设计自己所在学校的校园平面图(所含景点不少于 10 个)，顶点信息包括名称、简介等，边的信息包括路径长度等。

(2) 为来访的客人提供景点信息查询服务。

(3) 为来访的客人提供从当前顶点出发前往景点的路线查询服务，包括最短路径及所有可能的简单路径。

3. 农夫过河

【问题描述】

一个农夫带着一只狼、一只羊、一颗白菜，身处河南岸，他要把这些东西全部运往河北岸。现在他只有一条小船，船只能容下他和一个物品，另外只有农夫才会撑船。如果农夫在场，则狼不能吃羊，羊不能吃白菜，否则狼会吃羊，羊会吃白菜，但狼不吃白菜。请求出农夫将所有的东西运过河的方案。

【设计要求】

(1) 构建农夫过河的状态图。

(2) 写一个程序，实现上述过河方案。

查找与排序

本章讨论的数据结构是由同一类型数据元素构成的集合，结构下数据元素之间的关系是松散的，或者说没有关系。正因为如此，集合反而是一种非常灵活的数据结构，因为它不受数据元素之间的关系约束，既可以用线性结构描述，也可以用非线性结构描述。

集合究竟采用何种数据结构表示往往与操作的属性及操作的效率有关。对于集合而言，最常见的操作是查找，此时，表示集合的数据结构又被称为查找表。基于查找活动的特征又将查找表分为静态查找表和动态查找表。本章主要介绍静态查找表中一些经典的查找技术并讨论与查找相关的各种排序方法。

设计题 6.1　各种静态查找方法的实现和比较

讲解视频

6.1.1　需求分析

讨论并实现各种经典的静态查找方法：顺序查找，折半查找，斐波那契查找；测试每种方法在大数据量时查找的比较次数及所耗费时间等，从而进一步了解各种查找方法的性能。

6.1.2　概要设计

通过静态查找表抽象数据类型的定义，明确设计目标：

```
ADT List
{
    数据对象：D = { ai | ai∈ ElemType, I = 1, 2, …, n, n ≥ 0 }
    数据关系：R = 数据元素同属一个集合。
    基本操作：
        InitTable(&ST)
        初始化查找表
        CopyTable(&ST)
        复制查找表
        DestroyTable(&ST)
        销毁查找表
```

```
        SeqSearch(ST)
        对查找表(设监视哨)顺序查找
        BinarySearch(ST)
        对查找表折半查找
        FibSearch (ST)
        对查找表斐波那契查找
        CreatTable-Random(&ST)
        为大数据量测试的需要，用随机数方式建立表中元素不重复的查找表
}
```

6.1.3 详细设计

静态查找表一般不做数据元素的插入、删除操作，因此通常选择顺序表(如图 6.1 所示)作为存储表示的物理结构。其中：成员 data 为数据元素类型(ElemType)的向量(不失一般性，设本例中的数据元素类型为整形)，length 为表中的数据元素的个数，而表的容量为一常量。

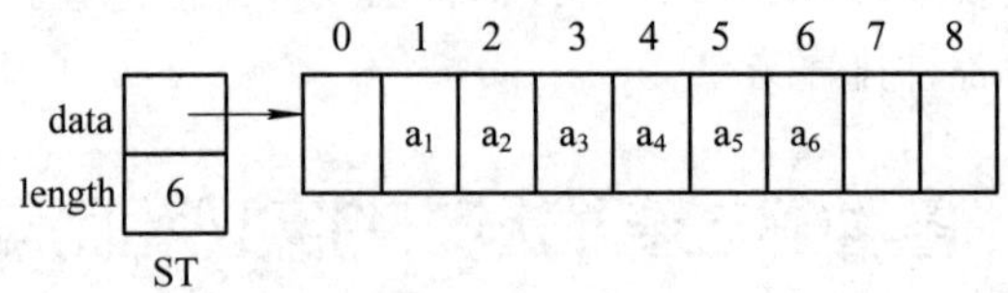

图 6.1 静态查找表的存储表示

各种静态查找方法的实现.h 文件如下：

```
#ifndef _SEARCH_H_
#define _SEARCH_H_

//定义静态查找表
struct SqList {
    ElemType * data;
    int length;
};

//初始化
void InitTable( SqList &ST )
{
    ST.length = 0;
    ST.data = NULL;              //0 下标单元不使用
}

//复制建表
void CopyTable( SqList &ST, SqList BackTable )
```

```
{
    ST.length = BackTable.length;
    ST.data = new ElemType[ ST.length + 1 ];
    for ( int i = 1; i <= ST.length; i++ )
        ST.data[ i ] = BackTable.data[ i ];
}

//销毁表
void DestroyTable( SqList& ST )
{
    delete [] ST.data;
    ST.length = 0;
    ST.data = NULL;
}

//有监视哨顺序查找 (无序表的查找)
int SeqSearch( SqList ST, ElemType key )
{
    int i = ST.length;
    ST.data [ 0 ] = key;                //待查找元素放在 st.data[0]作为监视哨
    while ( ST.data[ i ] != key )
    {
        compare++;                      //全程变量，统计查找的比较次数
        i--;
    }
    return i;
}

//折半查找(有序表的查找)
int BinarySearch( SqList ST, ElemType key )
{
    int low = 1, high = ST.length;      //low 表示所查区间的下界，high 表示所查区间的上界
    while ( low <= high )
    {
        int mid = ( low + high ) / 2;
        depth++;                        //全程变量，计算在二叉判定树中的查找深度
        if ( key == ST.data[ mid ] )    //查找成功
        {
            compare++;                  //全程变量，统计查找的比较次数
```

```
                return mid;
            }
            else if ( key < ST.data[ mid ] )        //在前半区间继续查找
            {
                compare += 2;
                high = mid - 1;
            }
            else                                    //在后半区间继续查找
            {
                compare += 2;
                low = mid +1;
            }
        }
        return 0;                                   //查找失败
}

//斐波那契查找(有序表的查找)
//其中：ST 为有序表(不失一般性，此处设为整形)，n 是记录个数，key 是待查关键字，
//fib 是斐波那契数列数组
int FibSearch( SqList ST, ElemType key, int mid, int f1, int f2 )
{
        int t;
        bool found;
        found = false;
        while ( mid > 0 && ! found )
        {
            if ( key < ST.data[ mid ] )        //在有序表查找区间的前段查找
            {
                compare++;                     //全程变量，统计查找的比较次数
                depth++;                       //全程变量，计算在斐波那契判定树中的查找深度
                if ( ! f2 )
                    mid = 0;
                else
                {
                    mid = mid - f2;
                    t = f1 - f2;
                    f1 = f2;
                    f2 = t;
                    while ( mid < 1 && f1 > 1 )
```

```
            {   //mid 左孩子虽然小于 1 但左孩子的右子树可能有未讨论的结点
                mid = mid + f2;
                f1 = f1 - f2;
                f2 = f2 - f1;
            }
        }
    }
    else if ( key > ST.data[ mid ] )      //在有序表查找区间的后段查找
    {
        compare = compare + 2;
        depth++;
        if ( f1 == 1 )
            mid = 0;
        else
        {
            mid = mid + f2;
            f1 = f1 - f2;
            f2 = f2 - f1;
        }
    }
    else   //查找成功
    {
        compare = compare + 2;
        depth++;
        found = true;
    }
  }
  if ( found )
      return mid;
  else return 0;
}

//产生不重复的 n 个随机数建立查找表
void CreatTableRandom( SqList &SL, int n )
{
    srand( ( unsigned )time( NULL ) );      //使用系统定时计数器的值作为随机种子
    ElemType key;
    int i = 0, j;
    while ( i < n )
```

```
    {
        key = rand();
        if ( ! BinarySearch(SL, key) )          //用折半查找判定新的随机数是否重复
        {
            SL.data[ ++SL.length ] = key;
            i++;
        }
    }
}

#endif
```

基于顺序表实现的静态查找表抽象数据类型，其完整的演示程序还包括：输出比较结果的 PrintResult 函数，输出静态查找表内容的 Print 函数，对查找表进行排序的 QSort 相关函数，计算斐波那契序列的 Fbnq 函数以及主函数等。

各种静态查找方法的比较.cpp 文档如下：

```
#include <iostream>
#include <iomanip>
#include<time.h>
#include<windows.h>

SYSTEMTIME start, stop;
using namespace std;

typedef int ElemType;
unsigned int compare,depth;                //元素比较次数 compare,判定树查找深度 depth
#include "各种静态查找方法的实现.h"

//输出数组
void Print( SqList &SL )
{
    for ( int i = 1; i <= SL.length; i++ )
    {
        cout << setw( 8 ) << SL.data[ i ];
        if ( i % 10 == 0 )                 //每行输出 10 个元素
            cout << endl;
    }
    cout << endl;
}
```

```
//输出过程耗时
void PrintResult( char* Search )
{
    cout << Search ;
    cout << "耗用时间为 " << ( ( ( stop.wHour - start.wHour ) * 24*60000
            + stop.wMinute - start.wMinute) * 60000
           + ( stop.wSecond - start.wSecond ) * 1000
           + stop.wMilliseconds - start.wMilliseconds) / 1000.0 << "秒," ;
}

//快速排序中的划分算法
int Partition( SqList &L, int low, int high )
{
    L.data[ 0 ] = L.data[ low ];
    while ( low < high )
    {
        while ( low < high && L.data[ high ] >= L.data[ 0 ] )
            high--;
        L.data[ low ] = L.data[ high ];
        while ( low < high && L.data[ low ] <= L.data[ 0 ] )
            low++;
        L.data[ high ] = L.data[ low ];
    }
    L.data[ low ] = L.data[ 0 ];
    return low;
}
//快速排序中将待排序段分成两个子段递归排序
void QSort( SqList &L, int begin, int end )
{
    if ( begin < end )
    {
        int pivot = Partition (L, begin, end );
        QSort( L, begin, pivot - 1 );
        QSort( L, pivot + 1, end );
    }
}

//快速排序，应用于有序表的查找
void QuickSort( SqList &L )
```

```
{
    if ( L.length > 1 )
        QSort( L, 1, L.length );
}

//求斐波那契序列 fib，并根据查找表中元素个数 n 求适配斐波那契值
void Fbnq( int fib[], int n, int &mid, int &f1, int &f2 )
{
    int i, j = 1;
    fib = new int[ n ];
    fib[ 0 ] = 0;
    fib[ 1 ] = 1;
    for ( i = 2; i < n; i++ )
        fib[ i ] = fib[ i - 1 ] + fib[ i - 2 ];
    //取一大于 n 且距 n 最近的斐波那契值 fib[j]
    while ( fib[ j ] < n + 1 )
        j++;
    mid = n - fib[ j - 2 ] + 1;
    f1 = fib[ j - 2 ];
    f2 = fib[ j - 3 ];
}

int main()
{
    cout << "---各种静态查找方法的比较---" << endl << endl;
    SqList ST, BackTable;          //ST 为操作查找表，Backtable 为备用查找表
    int k, i, select, length;
    ElemType key;
    char cont;
    //生成备用查找表
    InitTable( BackTable );
    cout << "输入产生的随机数数目：";
    cin >> length;
    cout << endl;
    BackTable.data = new ElemType[ length + 1 ];
    CreatTableRandom( BackTable, length );
    //cout<<endl<<"产生的随机数结果为"<<endl<<endl ;
    //Print(BackTable);
    int *fib, f1, f2, mid;
```

```
Fbnq( fib, length, mid, f1, f2 );//计算斐波那契数列值

do {
    cout << "1.顺序查找;        2.求顺序查找的平均查找长度及用时; " << endl;
    cout << "3.折半查找;        4.求折半查找的平均查找长度及用时; " << endl;
    cout << "5.斐波那契查找; 6.求斐波那契查找的平均查找长度及用时; "<< endl;
    cout << "请选择操作: " ;
    cin >> select;
    cout << endl;
    switch ( select )
{
case 1:
    CopyTable( ST, BackTable );
    cout << "请输入要查找的关键字: " ;
    cin >> key;
    k = SeqSearch( ST, key );
    if ( k )
    cout << "查找关键字在无序表中的位置是: " << k << endl;
    else
    cout << "查找的关键字不存在! " << endl;
    break;
case 2:
    CopyTable( ST, BackTable );
    compare = 0;
    GetLocalTime( &start );
    for ( i = 1; i <= ST.length; i++ )
    SeqSearch( ST, BackTable.data[ i ] );
    GetLocalTime( &stop );
        PrintResult( "顺序查找" );
        cout << "顺序查找" << ST.length << "个数据的平均查找长度为: "
        << compare / ST.length ;
        break;
case 3:
    CopyTable( ST, BackTable );
    QuickSort( ST );
    //cout << endl << "产生的随机数列排序后的结果为: " << endl ;
    //Print( ST );
    cout << "请输入要查找的关键字: ";
    cin >> key;
```

```
k = BinarySearch( ST, key );
    if ( k )
cout << "查找关键字在有序表中的位置是：" << k << endl;
    else
cout << "查找的关键字不存在！" << endl;
    break;
  case 4:
    CopyTable( ST, BackTable );
    QuickSort( ST );
    //cout<<endl<<"产生的随机数列排序后的结果为："<<endl<<endl ;
    //Print(ST);
    compare = 0;
    depth = 0;
    GetLocalTime( &start );
    for ( i = 1; i <= ST.length; i++ )
    BinarySearch( ST, BackTable.data[ i ] );
    GetLocalTime( &stop );
    PrintResult( "折半查找" );
    cout << endl << "折半查找" << ST.length
    << "个数据的总比较次数为：" << compare << endl ;
    cout << "平均比较次数为：" << compare / ST.length;
    cout << "，平均查找深度为：" << depth / ST.length << endl;
        break;
  case 5:
    CopyTable( ST, BackTable );
    QuickSort( ST );
    //cout << endl << "产生的随机数列排序后的结果为：" << endl << endl ;
    //Print( ST );
    cout << "请输入要查找的关键字：";
    cin >> key;
    k = FibSearch( ST, key, mid, f1, f2 );
    if ( k )
    cout << "查找关键字在有序表中的位置是：" << k << endl;
    else
    cout << "查找的关键字不存在！" << endl;
    break;
  case 6:
    CopyTable( ST, BackTable );
    QuickSort( ST );
```

```
            //cout << endl << "产生的随机数列排序后的结果为：" << endl << endl ;
            //Print( ST );
            compare = 0;
            depth = 0;
            GetLocalTime( &start );
            for ( i = 1; i <= ST.length; i++ )
            FibSearch( ST, BackTable.data[ i ], mid, f1, f2 );
            GetLocalTime( &stop );
            PrintResult( "斐波那契查找" );
            cout << endl << "斐波那契查找" << ST.length
            << "个数据的总比较次数为：" << compare << endl;
            cout << "平均比较次数为：" << compare / ST.length;
            cout << "，平均查找深度为：" << depth / ST.length << endl;
        break;
    default:
        break;
}
      cout << endl << "继续查找？(y/n)：";
      cin >> cont;
cout << endl;
 } while ( ( cont == 'Y' ) || ( cont == 'y' ) );
 DestroyTable( ST );

system( "pause" );
return 0;
}
```

6.1.4　调试分析

(1) 数据元素存放在下标为 1～n 的查找表中，下标地址 0 特殊使用。对于每一静态查找算法，使用变量 compare 累计查找所有数据元素的比较次数；对于有序表的查找，使用变量 depth 累计每一数据元素在判定树中的深度，并取系统时钟计算算法所耗时间。

(2) 实现的几个经典查找算法中，顺序查找适用于无序表的查找，其时间复杂度为 O(n)；折半查找、斐波那契查找是针对有序表的查找，时间复杂度均为 O(log n)。

(3) 对于有序表的查找，折半查找的判定树的高度与相等结点个数的完全二叉数等高，而斐波那契查找的判定树是一棵任意结点左右子树高度差均为 1 的平衡二叉树。虽然斐波那契查找判定树的深度较折半查找判定树略高，但实验数据表明，斐波那契查找在数据元素之间的比较次数上少于折半查找，且平均查找深度也优于折半查找。这是因为斐波那契判定树左右子树数据元素个数比类似于黄金分割。

(4) 对于有序表的查找，在两种算法的耗时上，早期的观点是，斐波那契查找算法除有数据元素之间的比较次数较少的优点外，还有斐波那契查找算法只做斐波那契数列间的加减法，而折半查找涉及除法操作，因而斐波那契查找效果略优于折半查找。但现在许多C++编译器对乘、除法的处理采用位移技术，斐波那契查找只做加减法的优点弱化了。另外斐波那契查找算法虽然在数据元素之间的比较次数上少于折半查找，但却多了许多关于斐波那契数列的修正、边界判断等过程，实验结果表明，就实际耗时，折半查找略优于斐波那契查找。

(5) 对于斐波那契查找，当查找表中数据元素个数 n 恰好为某一斐波那契数列值减 1 时，斐波那契查找判定树如图 6.2(a)所示(n == 12)。若查找表中数据元素个数 n 不等于任一斐波那契数列值减 1 时，查找过程相当于在前端补足了 F_j-n-1 个虚结点，使得加上虚结点后的元素个数仍为 F_j-1。需要注意的是，在判定树的左侧，当某一结点的下标小于 1 时，可能并不是结束情形，其右侧可能仍有未检测的结点。查找表中数据元素个数 n 不等于任一斐波那契数列值减 1 时的判定树如图 6.2(b)所示(n == 9)。

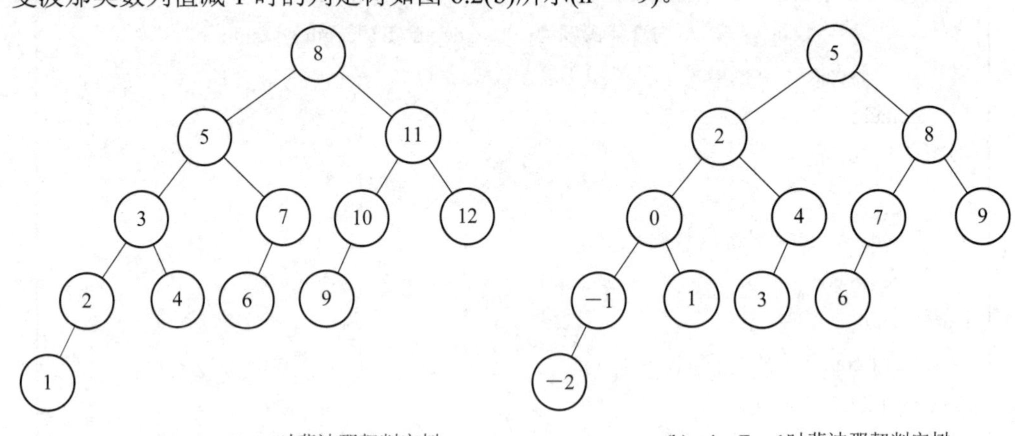

(a) n == F_j-1时斐波那契判定树　　(b) n != F_j-1时斐波那契判定树

图 6.2　斐波那契判定树

6.1.5 测试运行结果及用户手册

程序经 VC++ 及 Dev C++ 等编译器编译，运行环境为 Windows 操作系统，执行文件名为各种静态查找方法的比较.exe。进入程序运行后即交互显示文本方式的用户界面，用户使用过程可参照提示进行。

测试 1：在数据量较大时，仅输出折半查找、斐波那契查找对所有输入数据进行查找的结果，测试结果如下：

```
---各种静态查找方法的比较---
输入产生的随机数数目：10000000
1.顺序查找；        2.求顺序查找的平均查找长度及用时；
3.折半查找；        4.求折半查找的平均查找长度及用时；
5.斐波那契查找；6.求斐波那契查找的平均查找长度及用时；
请选择操作：4
```

```
折半查找耗用时间为 4.368 秒,
折半查找 10000000 个数据的总比较次数为：270366526
平均比较次数为：27, 平均查找深度为：14

继续查找？(y/n)：y
1.顺序查找；        2.求顺序查找的平均查找长度及用时；
3.折半查找；        4.求折半查找的平均查找长度及用时；
5.斐波那契查找；6.求斐波那契查找的平均查找长度及用时；
请选择操作：6

斐波那契查找耗用时间为 4.79 秒,
斐波那契查找 10000000 个数据的总比较次数为：212875964
平均比较次数为：21，平均查找深度为：14

继续查找？(y/n)：n
请按任意键继续...
```

测试 2：在测试数据量较少时，根据主函数设置的菜单，逐一验证每一功能，测试结果如下：

```
---各种静态查找方法的比较---

输入产生的随机数数目：18

产生的随机数结果为：
21810    24141    31923     5519    19270    21487    31862    15243     5055    19574
6476    23818     9594     6619    31126    29181     6003    15038

1.顺序查找；        2.求顺序查找的平均查找长度及用时；
3.折半查找；        4.求折半查找的平均查找长度及用时；
5.斐波那契查找；6.求斐波那契查找的平均查找长度及用时；
请选择操作：1
请输入要查找的关键字：5519
查找关键字在无序表中的位置是：4

继续查找？(y/n)：y
1.顺序查找；        2.求顺序查找的平均查找长度及用时；
3.折半查找；        4.求折半查找的平均查找长度及用时；
5.斐波那契查找；6.求斐波那契查找的平均查找长度及用时；
请选择操作：2
```

```
顺序查找耗用时间为 0 秒，顺序查找 18 个数据的平均查找长度为：8
继续查找？(y/n)：y
1.顺序查找；        2.求顺序查找的平均查找长度及用时；
3.折半查找；        4.求折半查找的平均查找长度及用时；
5.斐波那契查找；6.求斐波那契查找的平均查找长度及用时；
请选择操作：3
产生的随机数列排序后的结果为：
 5055    5519    6003    6476    6619    9594   15038   15243   19270   19574
21487   21810   23818   24141   29181   31126   31862   31923

请输入要查找的关键字：15038
查找关键字在有序表中的位置是：7
继续查找？(y/n)：y
1.顺序查找；        2.求顺序查找的平均查找长度及用时；
3.折半查找；        4.求折半查找的平均查找长度及用时；
5.斐波那契查找；6.求斐波那契查找的平均查找长度及用时；
请选择操作：4
产生的随机数列排序后的结果为：
 5055    5519    6003    6476    6619    9594   15038   15243   19270   19574
21487   21810   23818   24141   29181   31126   31862   31923
折半查找耗用时间为 0 秒，
折半查找 18 个数据的总比较次数为：110
平均比较次数为：6, 平均查找深度为：3
继续查找？(y/n)：y
1.顺序查找；        2.求顺序查找的平均查找长度及用时；
3.折半查找；        4.求折半查找的平均查找长度及用时；
5.斐波那契查找；6.求斐波那契查找的平均查找长度及用时；
请选择操作：5
产生的随机数列排序后的结果为：
 5055    5519    6003    6476    6619    9594   15038   15243   19270   19574
21487   21810   23818   24141   29181   31126   31862   31923
请输入要查找的关键字：5519
查找关键字在有序表中的位置是：2


继续查找？(y/n)：y
1.顺序查找；        2.求顺序查找的平均查找长度及用时；
3.折半查找；        4.求折半查找的平均查找长度及用时；
5.斐波那契查找；6.求斐波那契查找的平均查找长度及用时；
```

```
请选择操作：6
产生的随机数列排序后的结果为：
 5055    5519    6003    6476    6619    9594    15038   15243   19270   19574
21487   21810   23818   24141   29181   31126   31862   31923
斐波那契查找耗用时间为 0 秒，
斐波那契查找 18 个数据的总比较次数为：101
平均比较次数为：5，平均查找深度为：3

继续查找？(y/n)：n
请按任意键继续...
```

用户手册略。

6.1.6　附录

源程序文件名清单：

(1) 各种静态查找方法的实现.h。

(2) 各种静态查找方法的比较.cpp。

6.1.1

6.1.2

设计题 6.2　哈希表的查找

讲解视频

哈希表(Hash Table)也叫散列表，是根据关键字值的变换而获得记录在顺序表中的地址，从而可直接对记录进行访问的数据结构。也就是说，它通过把关键字值映射到表中某一位置访问记录，从而加快查找速度。这个映射函数叫做哈希函数，存放记录的顺序表叫做哈希表。

6.2.1　需求分析

对任意给定的关键字值 key，理想情况下(如哈希表表长足够大)可用直接地址法将关键字代入地址函数 H(key)，获得该关键字对应记录在哈希表中的地址。此时，无需做关键字之间的比较，查找记录的时间复杂度为 O(1)。但当空间有限，或是当关键字的位数大于哈希表表长时，对关键字值通过函数的变换映射到表中某一位置将可能出现冲突。此时，需要有对应处理冲突的策略。

本例根据数据量设定哈希表表长，用除留余数法构造哈希函数，用开放定址法处理冲突(其中增量序列采用二次探测再散列)，实现关于哈希表的查找、插入、删除等功能。

6.2.2 概要设计

定义哈希表抽象数据类型如下：

```
ADT List {
    数据对象：D ＝ { a_i | a_i∈ ElemType, I = 1, 2,⋯ , n, n ≥ 0 }
    数据关系：R =数据元素同属一个集合。
    基本操作：
        InitHashTable(H)
        操作结果：哈希表初始化
        DestroyHashTable(H)
        初始条件：哈希表 H 存在
        操作结果：销毁哈希表 H
        Hash(Key,p)
        操作结果：通过哈希函数获得关键字 Key 对应记录的初始哈希地址
        collision(H,Hashaddress)
        操作结果：通过处理冲突获得最终哈希地址
        SearchHashaddress(H,key)
        操作结果：在哈希表中查找关键字 key 对应记录的哈希地址
        InsertHash(H,e)
        操作结果：在哈希表中插入记录 e
        DeleteHash(H, key)
        操作结果：在哈希表中删除关键字 key 对应的记录
        TraverseHash(H, visit())
        操作结果：按哈希地址的顺序遍历哈希表
}
```

在抽象数据类型基础上的课程设计过程大致如下：

(1) 据数据量确定哈希表表长，根据哈希表表长初始化哈希表。

(2) 根据菜单选择具体操作：“1.批量插入多个元素；2.插入单个元素；3.查找元素；4.删除元素；5.打印哈希表；6.退出”。

6.2.3 详细设计

哈希表的存储结构为顺序表，其中，成员 elem 为数据元素类型的向量(数据元素类型为包括 key 域的结构体)，成员 count 为哈希表中记录的个数，成员 sizeindex 为哈希表的容量。

哈希表类型的实现.h 文件如下：

```
#ifndef _HashTable_
#define _HashTable_
```

```
//哈希表的存储结构
struct HashTable {
    ElemType *elem;            //数据元素存储基址，动态分配数组
    int count;                 //当前数据元素个数
    int sizeindex;             //hasHashaddressize[sizeindex]为当前容量
};

//操作结果: 构造一个空的哈希表
void InitHashTable( HashTable &H, int m )
{
    int i;
    H.count = 0;               //当前元素个数为 0
    H.sizeindex = m;           //初始存储容量为 hasHashaddressize[0]
    H.elem = new ElemType[ m ];
    for ( i = 0; i < H.sizeindex; i++ )
        H.elem[ i ].key = 0;   //查找表初始化
}

//初始条件: 哈希表 H 存在。操作结果: 销毁哈希表 H
void DestroyHashTable( HashTable &H )
{
    delete H.elem;
    H.elem = NULL;
    H.count = 0;
    H.sizeindex = 0;
}

//构造哈希函数的方法为除留余数法，p 为质数(H.count <= p<= H.sizeindex)
unsigned Hash( KeyType K, int p )
{
    return K % p;
}

//处理冲突的策略为开放地址法，此处增量序列为二次探测再散列，
//其中：p 为哈希地址，c 为冲突次数
void collision( HashTable &H, int Hashaddress, int &p, int c )
{
    int d;
    d = c / 2;
```

```
    if ( c % 2 == 0 )
        p = (Hashaddress + d * d ) % H.sizeindex;
    else
        p = (Hashaddress - d * d + H.sizeindex * H.sizeindex) % H.sizeindex;
}


//在哈希表 H 中查找关键码为 K 的元素,若查找成功,以 p 指示待查数据元素位置,
//若查找不成功，p 返回的是插入位置
bool SearchHashaddress( HashTable &H, KeyType k, int &p, int &c )
{
    int Hashaddress = Hash( k, H.sizeindex );        //取 hash 表长做除数，求得哈希地址
    p = Hashaddress;
    //若冲突(当前位置非空且关键字不相等),求得下一待查地址 p
    while ( H.elem[ p ].key != 0 && H.elem[ p ].key != k )
        collision( H, Hashaddress, p, ++c );

    if ( k == H.elem[p].key )
        return true;         //查找成功，p 返回待查数据元素位置
    else
        return false;        //查找不成功，p 返回的是插入位置
}

//查找不成功时插入数据元素 e 到哈希表 H 中
bool InsertHash( HashTable &H, ElemType e, int &p, int &c )
{
     if ( SearchHashaddress( H, e.key, p, c) )
        return false;         //表中已有与 e 有相同关键字的元素，无需插入
    else
    { //插入 e，插入位置为第一个中继单元或空单元
        int hc = 0, Hashaddress = Hash( e.key, H.sizeindex );
        p = Hashaddress;
        while ( H.elem[p].key != -1 && H.elem[p],key != 0 )
            collision( H, Hashaddress, p, hc++ );
        H.elem[ p ] = e;
        H.count++;
        return true;
    }
}
```

```
bool DeleteHash( HashTable &H, KeyType key, ElemType &e, int &c )
{
    int p;
    if ( ! SearchHashaddress( H, key, p, c ) )
        return false; //表中没有与 e 相同的元素，无须删除
    else
    { //删除 e
        e = H.elem[ p ];
        H.elem[ p ].key = -1;      //删除位写入中继标记-1
        H.count--;
        return true;
    }
}

//按哈希地址的顺序遍历哈希表
void TraverseHash( HashTable H, void( *visit )( int, ElemType ) )
{ //按哈希地址的顺序遍历哈希表
    cout << "当前哈希表如下:" << endl << endl;
    cout << "   下标        值" << endl;
    for ( int i = 0; i < H.sizeindex; i++ )
        visit( i, H.elem[ i ] );
}

#endif
```

基于顺序表实现的哈希表抽象数据类型，其完整的演示程序还包括：产生不重复随机数的函数 Randomize、求质数的函数 PrimeNumber、输出函数 Print 以及主函数等。

哈希表的查找.cpp 文档如下：

```
#include <iostream>
#include <iomanip>
#include<time.h>
#include<windows.h>
using namespace std;
typedef int KeyType;           //设关键字域为整型

//数据元素类型
struct ElemType {
    KeyType key;
    int ord;                   //该域为记录其它内容，本例未涉及
```

```
};

#include"哈希表类型的实现.h"

//访问函数
void print( int p, ElemType r )
{
    cout << setw( 5 ) << p << setw( 8 ) << r.key << endl;
}

//产生不重复的 n 个随机数
void Randomize( int n, int m, ElemType data[] )
{
    srand( ( unsigned )time( NULL ) );          //使用系统定时计数器的值作为随机种子
    data[ 1 ].key = rand() % ( m * m );
    int i = 2, j;
    while ( i <= n )
    {
        data[ 0 ].key = rand() % ( m * m );
        for ( j = 1; j < i && data[ 0 ].key != data[j].key; j++ );
         if ( j >= i )
         {
             data[ i ] = data[ 0 ];
             i++;
         }
    }
}
//判断 x 是否为质数
bool PrimeNumber( int x )
{
    for ( int i = 2; i < ( x / 2); i++ )
        if ( x % i == 0 )
            return false;
    return true;
}

int main()
{
    HashTable H;
```

```
 cout << "《除留余数法构造哈希函数，开放定址法处理冲突
          (增量序列选用二次探测再散列)》" << endl << endl;
cout << "请输入待处理的数据量: ";
int Recordnum, Tablesize;
cin >> Recordnum;
Tablesize = Recordnum;
bool   flag = false;
while ( ! flag )           //求大于等于数据量的一个型同 4 * j + 3 的质素
{
    if ( PrimeNumber( Tablesize ) && Tablesize % 4 == 3 )
        flag = true;
    else
        Tablesize++;
}
 cout << "程序根据数据量" << Recordnum << "，设定哈希表的表长为
        (大小为 4j+3 的素数)：" << Tablesize << "，" << endl;
cout << "该表长也做为除留余数法的除数." << endl << endl;
InitHashTable( H, Tablesize );
ElemType e, data[ Tablesize ];
int i, c, p, select, compare = 0;
do
{
    cout << "请选择哈希操作：" << endl << endl;
     cout << "1.批量插入多个元素  2.插入单个元素  3.查找元素
            4.删除元素  5.打印哈希表  6.退出" << endl;
     cin >> select;
     switch ( select )
    {
     case 1:
        int n;
          cout << "请输入批量插入的数据元素个数：  ";
          cin >> n;
          if ( n + H.count > H.sizeindex )
        {
               cout << "当前表中数据元素个数为" << H.count
                  << "; 无法插入，请重新输入！";
               cin >> n;
          }
          //用随机数生成不重复的 n 个测试数据  存于 data 数组，也可另建 data 数组
```

```
Randomize( n, Tablesize, data );
    cout << "输入的每个数据元素关键字值为：" << endl;
    for ( i = 1; i <= n; ++i )
            cout << setw( 6 ) << data[ i ].key;
    cout << endl << endl;
    for ( i = 1; i <= n ; i++ )
{
      c = 1;                                    //c 为插入当前元素比较次数
          if ( InsertHash( H, data[ i ], p, c) )
            compare = compare + c;      //cpmpare 为批量插入比较次数之和
}
cout << "此次批量插入的比较次数之和为：" << compare << endl;
cout  <<  "此次批量插入平均查找长度为："  <<  compare  <<  "/"  <<  n  <<  endl;
    break;
case 2:
   if ( H.count == H.sizeindex )
   {
            cout << "当前表已满无法插入！";
            break;
   }
      cout << "请输入待插入数据元素的关键字值:" ;
      cin >> e.key;
      c = 1;
      if ( InsertHash( H, e, p, c ) )
         cout << "关键字值为" << e.key << "的数据元素已插入在
                    哈希表下标为 " << p << " 的位置中。" << endl;
   else
         cout << "关键字值为" << e.key << "的数据元素已存在，无须插入!"
                << endl;
      break;
case 3:
   KeyType key;
   c = 1;
   cout << "请输入待查找数据元素的关键字值:" ;
      cin >> key;
      if ( SearchHashaddress( H, key, p, c   ))
           cout << "关键字值为" << key << "的数据元素存在于哈希表中,
                     位置为:下标" << p << endl;
   else
```

```
                cout << "关键字值为"<< key << "的数据元素不存在！ " << endl;
            break;

    case 4:
            cout << "请输入要删除数据元素的关键字值:" ;
              cin >> key;
            c = 1;
              if ( DeleteHash( H, key, e, c ) )
                  cout << "关键字值为" << key << "的数据元素已删除。" << endl;
            else
                cout << "关键字值为" << key << "的数据元素不存在！ " << endl;
          break;
    case 5:
            TraverseHash( H, print );
          cout << endl;
            break;
        }
    } while ( select != 6 );
    DestroyHashTable( H );
    system( "pause" );
    return 0;
}
```

6.2.4　调试分析

(1) 由于处理冲突的策略采用开放定址法，而增量序列采用二次探测再散列，故哈希表表长须为 4*j+3 时的质数才能做到在探测地址时只要哈希表未填满，总能找到一个不发生冲突的地址。因此，本例根据数据量确定哈希表表长为大于等于数据量且形同 4*j+3 的质数。

(2) 构造哈希函数的方法为除留余数法，其中，除数为哈希表表长(质数)。

(3) 在做删除操作时，若找到要删除关键字 key 的记录位置，删除过程包括将该记录的 key 域赋值为中继标记(−1)，以备下次插入时记录存放于查找路径上的第一个中继单元或空单元。

(4) 哈希表的平均查找长度除与构造哈希函数的方法、处理冲突的策略有关外，还与装填因子(α=表中填入的记录数/哈希表的长度)有关。

6.2.5　测试运行结果及用户手册

程序经 VC++ 及 Dev C++ 等编译器编译，运行环境为 Windows 操作系统，执行文件名为哈希表的操作.exe，进入程序运行后即交互显示文本方式的用户界面，用户使用过程可参照提示进行。

用户手册略。

通过一组测试数据，展示程序的操作过程并验证程序的正确性：

```
《除留余数法构造哈希函数，开放定址法处理冲突(增量序列选用二次探测再散列)》
请输入待处理的数据量: 10
程序根据数据量 10，设定哈希表的表长为(大小为 4j+3 的素数)：11，
该表长也作为除留余数法的除数。
请选择哈希操作：
1.批量插入多个元素 2.插入单个元素 3.查找元素 4.删除元素 5.打印哈希表 6.退出
1
请输入批量插入的数据元素个数：9
输入的每个数据元素关键字值为：
    21   9   29   11   15   89   119   33   31
此次批量插入的比较次数之和为：21
此次批量插入平均查找长度为：21/9

请选择哈希操作：
1.批量插入多个元素 2.插入单个元素 3.查找元素 4.删除元素 5.打印哈希表 6.退出
2
请输入待插入数据元素的关键字值:22
关键字值为 22 的数据元素已插入在哈希表下标为 6 的位置中。

请选择哈希操作：
1.批量插入多个元素 2.插入单个元素 3.查找元素 4.删除元素 5.打印哈希表 6.退出
2
请输入待插入数据元素的关键字值:44
关键字值为 44 的数据元素已插入在哈希表下标为 3 的位置中。

请选择哈希操作：
1.批量插入多个元素 2.插入单个元素 3.查找元素 4.删除元素 5.打印哈希表 6.退出
4
请输入要删除数据元素的关键字值:11
关键字值为 11 的数据元素已删除。

请选择哈希操作：
1.批量插入多个元素 2.插入单个元素 3.查找元素 4.删除元素 5.打印哈希表 6.退出
3
请输入待查找数据元素的关键字值:33
关键字值为 33 的数据元素存在于哈希表中，位置为:下标 2
```

```
请选择哈希操作:
1.批量插入多个元素 2.插入单个元素 3.查找元素 4.删除元素 5.打印哈希表 6.退出
5
当前哈希表如下:
  下标    值
   0     -1
   1     89
   2     33
   3     44
   4     15
   5     31
   6     22
   7     29
   8    119
   9      9
  10     21
请选择哈希操作:
1.批量插入多个元素 2.插入单个元素 3.查找元素 4.删除元素 5.打印哈希表 6.退出
6
请按任意键继续...
```

6.2.6 附录

源程序文件名清单：

(1) 哈希表类型的实现.h(用顺序表实现)。

(2) 哈希表的查找.cpp(主程序)。

6.2.1

6.2.2

设计题 6.3 各种排序方法的实现和比较

讲解视频

6.3.1 需求分析

排序是计算机程序设计中的一种重要操作。在“数据结构”关于排序章节的学习中，除了实现排序的功能外，更是将其作为方法学而加以讨论。如基于插入思想的排序方法：直接插入排序、shell 排序；基于划分思想的排序方法：冒泡排序、快速排序；基于选择思想的排序方法：简单选择排序、堆排序；基于归并思想的排序方法：非递归形式的归并排序、递归形式的归并排序等。本例实现上述各种排序方法的程序设计，并通过统计数据元素的比较次数、移动次数、程序运行所耗时间等对各种排序方法进行比较。

6.3.2 概要设计

若将每种排序方法作为一个基本操作，则可定义以下关于排序的抽象数据类型：

```
ADT List {
    数据对象：D = { a_i | a_i∈ ElemType, I = 1, 2,… , n, n ≥ 0 }
    数据关系：R =数据元素同属一个集合。
    各种排序操作：
        //直接插入排序
        InsertSort(L)
        //Shell 排序
        ShellSort(L,increments[],incrementsLength)
        //冒泡排序
        BubbleSort(L)
        //快速排序
        QuickSort(L)
        //简单选择排序
        SelectionSort(L)
        //堆排序
        HeapSort(L)
        //非递归形式的归并排序
        MergeSortNonRecursion(L)
        //递归形式的归并排序
        MergeSortRecursion(L)
}
```

6.3.3 详细设计

类似于静态查找表，实现排序抽象数据类型的存储结构仍然是顺序表。其中，成员 data 为数据元素类型的向量(不失一般性，数据元素类型为整形)，成员 length 记录数据元素的个数。

各种排序方法的实现.h 文件如下：

```
#ifndef _sort_
#define _sort_


//定义顺序表
struct SqList {
    ElemType * data;
```

```
    int length;
};

//数据交换(三角搬家)
void Swap( ElemType& a, ElemType& b )
{
    ElemType c = a;
    a = b;
    b = c;
}

//直接插入排序
void InsertSort( SqList &L )
{
    compare = move = 0;
    int i, j;
    for(i = 2; i <= L.length; i++)
    {
        if ( L.data[i] > L.data[i - 1] )
        {
            compare++;
            continue;
        }
        compare++;
        L.data[ 0 ] = L.data[ i ];
        L.data[ i ] = L.data[ i - 1 ];
        for( j = i - 2; L.data[ j ] > L.data[ 0 ]; j--)
        {
            L.data[ j + 1 ] = L.data[ j ];
            compare++;
            move++;
        }
        L.data[ j + 1 ] = L.data[ 0 ];
        compare++;
        move += 2;
    }
}

//希尔排序
```

```
//increments[]为增量序列，incrementsLength 为增量序列的大小
void ShellSort( SqList &L, int increments[], int incrementsLength )
{
    int i, j, k;
    compare = move = 0;
    for ( k = 0; k < incrementsLength; k++)    //进行以 increments[k]为增量的排序
        for ( i = increments[k]+1; i <= L.length; i++ )
            if ( L.data[ i ] < L.data[ i - increments[ k ] ] )
            {
                L.data[ 0 ] = L.data[ i ];
                for ( j = i - increments[ k ]; j > 0; j -= increments[ k ] )
                {
                 compare++;
                    if ( L.data[ 0 ] >= L.data[ j ] ) break;
                    L.data[ j + increments[ k ] ] = L.data[ j ];
                     move++;
                }
                L.data[ j + increments[ k ] ] = L.data[ 0 ];
                move += 2;
            }
}

//冒泡排序
void BubbleSort( SqList &L )
{
    compare = move = 0;
    int lastSwapIndex = L.length;         //用于记录最后一次交换的元素下标
    int i, j;
    for ( i = lastSwapIndex; i > 1; i = lastSwapIndex )
    {
        lastSwapIndex = 1;
         for ( j = 1; j < i; j++ )
        {
            if ( L.data[ j ] > L.data[ j + 1 ] )
            {
                Swap( L.data[ j ], L.data[ j + 1 ] );
                 lastSwapIndex = j;
                move += 3;
            }
```

```
                compare++;
            }
        }
}

//以下为快速排序相关函数

//快速排序中的化分算法
int Partition( SqList &L, int low, int high )
{
    L.data[ 0 ] = L.data[ low ];
    while ( low < high )
    {
        while ( low < high && L.data[ high ] >= L.data[ 0 ] )
        {
            high--;
            compare++;
        }
        compare++;
        L.data[ low ] = L.data[ high ];
        move++;
        while ( low < high && L.data[ low ] <= L.data[ 0 ] )
        {
            low++;
            compare++;
        }
        compare++;
        L.data[ high ] = L.data[ low ];
        move++;
    }
    L.data[ low ] = L.data[ 0 ];
    move += 2;
    return low;
}

//快速排序的递归过程
void QSort( SqList &L, int begin, int end )
{
    if ( begin < end )
```

```
    {
        int pivot = Partition( L, begin, end );
        QSort( L, begin, pivot - 1 );
        QSort( L, pivot + 1, end );
    }
}

//快速排序
void QuickSort( SqList &L )
{
    if ( L.length > 1 )
    {
        compare = move = 0;
        QSort( L, 1, L.length );
    }
}

//简单选择排序
void SelectionSort( SqList &L )
{
    compare = move = 0;
    int i, j, min;
    for ( i = 1; i < L.length; i++ )
    {
        min = i;
        for ( j = i + 1; j <= L.length; j++ )
        {
            if ( L.data[ j ] < L.data[ min ] )
                min = j;
            compare++;
        }
        if ( i != min )
        {
            Swap( L.data[ i ], L.data[ min ] );
            move += 3;
        }
    }
}
```

```
//以下为堆排序相关函数

//内联函数，求结点的左孩子位置
inline int LeftChild( int i )
{
    return 2 * i;
}
//堆调整算法(大顶堆)
void HeapAdjust( SqList &L, int i, int n )
{
    int child;
    for ( L.data[ 0 ] = L.data[ i ]; LeftChild( i ) <= n; i = child )
    {
        child = LeftChild( i );
        compare++;
        if ( child != n && L.data[ child + 1 ] > L.data[ child ] )
            child++;    //取较大的孩子结点
        compare++;
        if ( L.data[ 0]   < L.data[ child ] )
        {
            L.data[ i ] = L.data[ child ];
            move++;
        }
        else
            break;
    }
    L.data[ i ] = L.data[ 0 ];
    move += 2;
}

//堆排序
void HeapSort( SqList &L )
{
    compare = move = 0;
    //建堆
    for ( int i = L.length/2; i > 0; i-- )
        HeapAdjust(L, i, L.length);

    //将堆的根结点与当前 i 范围内最后一个结点交换，并进行调整
```

```
    for ( int i = L.length; i > 1; i-- )
    {
        Swap( L.data[ 1 ], L.data[ i ] );
        move += 3;
        HeapAdjust( L, 1, i - 1 );
    }
}

//以下为非归并排序相关函数

//归并排序中的合并过程
void Merge( SqList &L, SqList &pArr, int lptr, int rptr, int rightEnd )
{
    int leftEnd = rptr - 1;
    int ptr, i;
    ptr = i = lptr;
    while ( lptr <= leftEnd && rptr <= rightEnd )
    {
        if ( L.data[ lptr ] <= L.data[ rptr ] )
            pArr.data[ ptr++ ] = L.data[ lptr++ ];
        else
            pArr.data[ ptr++ ] = L.data[ rptr++ ];
        compare++;
        move++;
    }
    while ( lptr <= leftEnd )
    {
        pArr.data[ ptr++ ] = L.data[ lptr++ ];
        move++;
    }
    while ( rptr <= rightEnd )
    {
        pArr.data[ ptr++ ] = L.data[ rptr++ ];
        move++;
    }
}

//非递归归并排序中一趟归并过程
void MSortNonRecursion( SqList &L, SqList &pArr, int mergeLength )
```

```
{
    int i = 1;
    while ( i <= L.length - 2 * mergeLength )
    {
        Merge( L, pArr, i, i + mergeLength, i + 2 * mergeLength - 1 );
        i = i + 2 * mergeLength;
    }

    if ( i + mergeLength - 1 < L.length )
        Merge( L, pArr, i, i + mergeLength, L.length );
    else
        for ( ; i <= L.length; i++ )
        {
            pArr.data[ i ] = L.data[ i ];
            move++;
        }
}
//非递归归并排序
void MergeSortNonRecursion( SqList &L )
{
    SqList pArr;
    pArr.length = L.length;
    pArr.data = new ElemType[ pArr.length + 1 ];
    int mergeLength = 1;
    while ( mergeLength < L.length )
    {
        MSortNonRecursion( L, pArr, mergeLength );
        mergeLength *= 2;
        MSortNonRecursion( pArr, L, mergeLength );
        mergeLength *= 2;
    }
    delete[] pArr.data;
}

//递归并排序的递归过程
void MSortRecursion( SqList &SR, SqList &TR1, SqList &TR2, int begin, int end )
{
    int middle;
    if ( begin < end )
```

```
    {
        middle = ( begin + end ) / 2;    //将待排序序列中的元素个数分成两个部分
        MSortRecursion( SR, TR2, TR1, begin, middle );              //递归前半部分
        MSortRecursion( SR, TR2, TR1, middle + 1, end);             //递归后半部分
        Merge( TR2, TR1, begin, middle + 1, end );              //前后合并
    }
    else
        TR1.data[ begin ] = SR.data[ begin ];
}
//递归实现的归并排序
void MergeSortRecursion( SqList &L )
{
    SqList TR;
    TR.length = L.length;
    TR.data = new ElemType[ TR.length + 1 ];
    compare = move = 0;
    MSortRecursion( L, L, TR, 1, L.length );
    delete[] TR.data;
}

#endif
```

基于顺序表实现的排序类抽象数据类型，其完整的演示程序还包括：产生随机数的 Randomize 函数，数组拷贝的 CopyArray 函数，输出排序的比较次数、移动次数、耗时等结果的 PrintResult 函数，输出排序结果的 Print 函数以及主函数等。

各种排序方法的比较.cpp 文档如下：

```
#include <iostream>
#include <iomanip>
#include<time.h>
#include<windows.h>

using namespace std;
typedef int ElemType;
unsigned int compare, move;   //元素比较次数 compare，元素移动次数 move
SYSTEMTIME start, stop;
#include "各种排序方法的实现.h"

//产生随机数
void Randomize( SqList &L )
{
```

```
    srand( ( unsigned )time( NULL ) );          //使用系统定时计数器的值作为随机种子
    for ( int i = 1; i <= L.length; i++ )
        L.data[ i ] = rand();
}

//数组拷贝
void CopyArray( ElemType s[], ElemType d[], int n )
{
    for ( int i = 1; i <= n; i++ )
        d[ i ] = s[ i ];
}

//输出排序结果
void Print( SqList &L )
{
    for ( int i = 1; i <= L.length; i++ )
    {
        cout << setw( 8 ) << L.data[ i ];       //setw 函数用来控制输出间隔
        if ( i % 10 == 0 )                      //每行输出 10 个元素
            cout << endl;
    }
}

//输出排序的比较次数、移动次数、耗时等
void PrintResult( char* sort )
{
    cout << sort << "数据元素比较次数：" << compare << "，移动次数："
        << move << "，耗时：";
    cout << ( ( ( stop.wHour - start.wHour ) * 24 * 60000
                + stop.wMinute - start.wMinute ) * 60000
                + ( stop.wSecond - start.wSecond ) * 1000
                + stop.wMilliseconds - start.wMilliseconds ) / 1000.0 <<"秒" << endl;
}

int main()
{
    int *bakData;
    int *increments, incrementsLength;
    SqList L;
```

```
cout << "输入产生的随机数数目：";
cin >> L.length;

L.data = new int[ L.length + 1 ];
bakData = new int[ L.length + 1 ];

Randomize( L );
CopyArray( L.data, bakData, L.length );  //备份
cout << endl;
//cout << "待排序元素：" << endl;
//Print( L );

GetLocalTime( &start );
InsertSort( L );
GetLocalTime( &stop );
PrintResult( "直接插入排序" );
cout << endl;
//cout << "排序结果:" << endl;
//Print( L );

CopyArray( bakData, L.data, L.length );
cout << "输入希尔排序的增量序列个数：";
cin >> incrementsLength;
increments = new int[ incrementsLength ];
cout << "输入增量序列：";
for ( int i = 0; i < incrementsLength; i++ )
    cin >> increments[ i ];
GetLocalTime( &start );
ShellSort( L, increments, incrementsLength );
GetLocalTime( &stop );
PrintResult( "希尔排序" );
cout << endl;
//cout << "排序结果:" << endl;
//Print( L );
delete[] increments;

CopyArray( bakData, L.data, L.length );
GetLocalTime( &start );
```

```
BubbleSort( L );
GetLocalTime( &stop );
PrintResult( "冒泡排序" );
cout << endl;
//cout << "排序结果:" << endl;
//Print( L );

CopyArray( bakData, L.data, L.length );
GetLocalTime( &start );
QuickSort( L );
GetLocalTime( &stop );
PrintResult( "快速排序" );
cout << endl;
//cout << "排序结果:" << endl;
//Print( L );

CopyArray( bakData, L.data, L.length );
GetLocalTime( &start );
SelectionSort( L );
GetLocalTime( &stop );
PrintResult( "简单选择排序" );
cout << endl;
//cout << "排序结果:" << endl;
//Print( L );

CopyArray( bakData, L.data, L.length );
GetLocalTime( &start );
HeapSort( L );
GetLocalTime( &stop );
PrintResult( "堆排序" );
cout << endl;
//cout << "排序结果:" << endl;
//Print( L );

CopyArray( bakData, L.data, L.length );
GetLocalTime( &start );
MergeSortNonRecursion( L );
GetLocalTime( &stop );
PrintResult( "非递归形式归并排序" );
```

```
    cout << endl;
    //cout << "排序结果:" << endl;
    //Print( L );

    CopyArray( bakData, L.data, L.length );
    GetLocalTime( &start );
    MergeSortRecursion( L );
    GetLocalTime( &stop );
    PrintResult( "递归形式的归并排序" );
    cout << endl;
    //cout << "排序结果:" << endl;
    //Print( L );

    delete[] bakData;
    delete[] L.data;
    cout << endl;

    system( "pause" );
    return 0;
}
```

6.3.4 调试分析

(1) 对于每种排序方法，用变量 compare 统计数据元素之间的比较次数，用变量 move 统计数据元素的移动次数、取系统时钟计算程序所耗时间。

(2) 从时间复杂度来看，直接插入排序、简单选择排序、冒泡排序的时间复杂度为 $O(n^2)$；快速排序、堆排序、归并排序的时间复杂度为 O(n lgn)；shell 排序涉及数学上尚未解决的难题，目前所知其时间复杂度约为 $O(n^{3/2})$。通过较大数据量的测试，也佐证了各种排序方法的时间性能。

(3) 从空间复杂度来看，非递归并排序需要与待排序列等量的辅助存储空间，其空间复杂度为 O(n)(递归形式的归并排序还需借助工作栈)，快速排序由递归实现，其空间复杂度为 O(log n)，其余排序算法的空间复杂度为 O(1)。

(4) 从稳定性来看，直接插入排序、冒泡排序和归并排序都是稳定的，而简单选择排序、希尔排序、堆排序、快速排序是不稳定的。对不稳定的排序算法应总能找到一个说明不稳定的实例。

6.3.5 测试运行结果及用户手册

程序经 VC++ 及 Dev C++ 等编译器编译，运行环境为 Windows 操作系统，执行文件名为各种排序方法的比较.exe，进入程序运行后即交互显示文本方式的用户界面，用户使用过程可参照提示进行。

用户手册略。

测试 1：通过 20 个数据的测试，展示程序的运行结果，验证程序的正确性，具体显示如下：

```
输入产生的随机数数目：20
待排序元素：
14627   15514    8559   20086   31038   22016    4189   30601    9900   13566
 6597   21356   26866   12701    2523   16528    7056    5351   13008     120
直接插入排序数据元素比较次数：141，移动次数：138, 耗时：0 秒
排序结果:
  120    2523    4189    5351    6597    7056    8559    9900   12701   13008
13566   14627   15514   16528   20086   21356   22016   26866   30601   31038
输入希尔排序的增量序列个数：2
输入增量序列：4 1
希尔排序数据元素比较次数：85，移动次数：122, 耗时：0 秒
排序结果:
  120    2523    4189    5351    6597    7056    8559    9900   12701   13008
13566   14627   15514   16528   20086   21356   22016   26866   30601   31038
冒泡排序数据元素比较次数：190，移动次数：366, 耗时：0 秒
排序结果:
  120    2523    4189    5351    6597    7056    8559    9900   12701   13008
13566   14627   15514   16528   20086   21356   22016   26866   30601   31038
快速排序数据元素比较次数：117，移动次数：74, 耗时：0 秒
排序结果:
  120    2523    4189    5351    6597    7056    8559    9900   12701   13008
13566   14627   15514   16528   20086   21356   22016   26866   30601   31038
简单选择排序数据元素比较次数：190，移动次数：48, 耗时：0 秒
排序结果:
  120    2523    4189    5351    6597    7056    8559    9900   12701   13008
13566   14627   15514   16528   20086   21356   22016   26866   30601   31038
堆排序数据元素比较次数：122，移动次数：166, 耗时：0 秒
排序结果:
  120    2523    4189    5351    6597    7056    8559    9900   12701   13008
13566   14627   15514   16528   20086   21356   22016   26866   30601   31038
非递归形式的归并排序数据元素比较次数：183，移动次数：286, 耗时：0 秒
排序结果:
  120    2523    4189    5351    6597    7056    8559    9900   12701   13008
13566   14627   15514   16528   20086   21356   22016   26866   30601   31038
递归形式的归并排序数据元素比较次数：62，移动次数：88, 耗时：0 秒
```

```
排序结果:
   120    2523    4189    5351    6597    7056    8559    9900   12701   13008
 13566   14627   15514   16528   20086   21356   22016   26866   30601   31038

 请按任意键继续...
```

测试 2：通过较大数据量的测试，比较各种排序方法的优劣(此时在主程序中删去数据的输出部分)，具体显示如下：

```
输入产生的随机数数目：50000


直接插入排序数据元素比较次数：625886216，移动次数：625886211, 耗时：7.02 秒
输入希尔排序的增量序列个数：5
输入增量序列：255 65 15 3 1
希尔排序数据元素比较次数：5232631，移动次数：5435404, 耗时：0.125 秒
冒泡排序数据元素比较次数：1249479068，移动次数：1877508645, 耗时：26.804 秒
快速排序数据元素比较次数：1357779，移动次数：429516, 耗时：0.016 秒
简单选择排序数据元素比较次数：1249975000，移动次数：429516, 耗时：11.17 秒
堆排序数据元素比较次数：1410006，移动次数：9874846, 耗时：0.031 秒
非递归形式归并排序数据元素比较次数：2143252，移动次数：1787484, 耗时：0.016 秒
递归形式的归并排序数据元素比较次数：718231，移动次数：784464, 耗时：0.031 秒


请按任意键继续...
```

6.3.6 附录

源程序文件名清单：

(1) 各种排序方法的实现.h(用顺序表实现)。

(2) 各种排序方法的比较.cpp(主程序)。

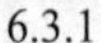

6.3.1

6.3.2

练习题 6

1. 平衡二叉查找树的演示

【问题描述】

利用平衡二叉查找树实现动态查找表。

【设计要求】

定义平衡的二叉查找树抽象数据类型，实现查找、插入、删除等功能。

2. 多关键字排序

【问题描述】

多关键字排序有其一定的实用价值，如在高考分数处理时除了需对总分进行排序外，不同的专业对单科分数也有要求，因此，尚需在总分相同的情况下，按用户提出的单科分数要求排出考生录取的次序。

【设计要求】

(1) 设待排序的每一记录包含 5 个关键字(整型)，每一关键字值的范围为 0～100，按用户指定的关键字优先关系给出排序的结果。

(2) 按 LSD 进行多关键字排序，在对各个关键字进行排序时分别采用两种策略：用稳定的内部排序法及使用分配、收集的方法，并对两种策略进行比较。

参考文献

[1] 严蔚民，吴伟民. 数据结构(C 语言版)．北京：清华大学出版社，2007

[2] 严蔚民，吴伟民，米宁．数据结构题集(C 语言版)．北京：清华大学出版社，2007

[3] 万健，王立波，赵葆华，等．数据结构实用教程(C++版)．北京：电子工业出版社，2011

[4] (美)Harvey M. Deitel，Paul James Deitel. C++大学教程. 邱仲潘，等，译. 北京：电子工业出版社，2003

[5] Knuth D E．The Art of Computer Programming. Addisob-Wesley Publishing Company，Inc.，1981

[6] Horowitz E, Sahni S．Fundamentals of Data Structures. Pitmen Publishing Limited, 1976

[7] (美)Malik D S．数据结构：C++版．王海涛，丁炎炎，译. 北京：清华大学出版社，2004

[8] 殷人昆. 数据结构(用面向对象方法与 C++描述). 2 版．北京：清华大学出版社，2007

[9] Mark Allen Weiss．Data Structures and Algorithm Analysis in C:Second Edition. Addison Wesley/Pearson, 2003

[10] Richard F Gilberg．Behrouz A Foroouzan. Data Structures A Pseudocode Approach with C++. Thomson Brooks/cole，2001

[11] Wirth N．Algorithms+Data Structures=Programs. Prentice-Hall，Inc., 1976

[12] Kenneth H.Rosen．Discrete Mathematics and Its Applications(Fifth Edition). McGraw-Hill Publishing Co.，2007